品牌印象
的鑄造者
建立企業核心價值

BRAND
STRATE

吳文輝 著

由個性至消費者心智
從創意到包裝構築品牌的
獨特地位

品牌無所不在
品牌作為無形資產的
價值與影響力

塑造品牌文化和形象
降低行銷成本，
最大化品牌資產的運用
掌握品牌管理的關鍵要素

目錄

目錄

目錄

前言

　　品牌不是一門尖端科學、也不必是尖端科學，但品牌是一門藝術，是一門涵蓋著嚴謹科學方法的實用藝術。在品牌行銷縱橫全球的時代，品牌的創建和營運維護是一項巨大而又困難的挑戰。誰能抓住消費者，誰就能贏在品牌、獲得成功；誰能抓住品牌行銷的特性，誰就能在激烈的市場競爭中掌握必勝的王牌，就會成為品牌行銷的大贏家。品牌具有不可複製的獨創性，而平庸的思維只能帶來平庸的結果。企業家對品牌行銷的錯誤認知和理解，只能讓企業走向最後的失敗。一個企業只有超越行銷、跨越品牌，才能在品牌之上謀劃品牌。只有在精神的高度建立品牌，品牌才能贏得更為廣泛的社會認同。品牌策略的成敗得失，在很大程度上依賴於如何將準則轉換成策略以及如何實施這些策略。品牌是企業盈利的保障；品牌是企業長青的基石；品牌更是企業制勝的關鍵。品牌就是企業發展的一切，然而大多數企業最缺少的就是品牌意識。

　　當前各類產品和服務風起雲湧，正在創造著快速成長的市場。新興的市場蘊涵著無限的機會和挑戰。能在這樣

前言

巨大的市場中獲得成功，是世界上所有企業家的夢想。因而誰能在市場中制定正確的品牌行銷策略，誰就能成為市場、行業的領導者；誰能從根本上深入思考品牌行銷的各個層面，誰就能走向行業霸主的地位並獲得巨額利潤。但是，品牌方案的制定與設計，也正面臨著行銷環境的巨大挑戰。由於市場競爭日益激烈，消費市場也正在發生著持續的嬗變。企業經理人在具備本土化市場發展的基礎上，還必須擁有全球化的視野，將本土與全球化的品牌行銷進行有機融合，順應各種變化，才能在日新月異的發展趨勢中抓住品牌行銷的新機遇。

本書以全新的角度深入探索品牌的奧妙。打開這本書，實際上是打開了通往世界著名品牌的祕道。書中的每一個章節，都是圍繞著「贏在品牌」這一主旨展開的，並將各類行銷典籍的術語和法則巧妙揉合而融會貫通，深入淺出地闡述企業提煉和創建品牌文化的方式、方法和獨到見解，字裡行間處處滲透企業品牌與行銷的祕訣，簡潔明瞭而且具有很強的可操作性，為企業家和高階管理人員及高階行銷人員提供最直接、最行之有效的幫助。本書是以最前線的品牌意識，為企業經理人帶來一場空前的洗禮，徹底清洗和刷新頭腦中不合時宜的陳規舊理和錯誤方法。

本書從「品牌是主宰企業命運的無形之手」出發，涉及「品牌策略」、「品牌定位」、「品牌設計」、「品牌品質」、「品牌創新」、「品牌傳播」、「走出品牌盲點」、「品牌行銷」、「品牌文化」等方面的內容，介紹了企業的發展方向、品牌的核心價值、如何才能讓品牌與眾不同、假冒偽劣品牌給企業帶來的危害、如何使基業長青、品牌力的塑造、正確的品牌認知、凝結在品牌上的企業精華等。另外，本書還從消費者的視角，對各種品牌問題進行闡述。本書既是即將走入社會的學生了解市場的捷徑，又是企業經理人和專家、企業高階主管和有志於企業行銷的所有的人員，能夠了解和熟悉品牌行銷策略與戰術的實用性工具書。本書具有系統性的理論框架，為處在品牌行銷亂局中的行銷人員撥開迷霧，使企業家和企業高層及時得到醍醐灌頂般的深刻感悟。

前言

第一章

主宰企業命運的無形力量：品牌

品牌，是廣大消費者對一家企業及其產品極佳的品質、完善的售後服務、良好的產品形象、美好的文化價值、優秀的管理結果等所形成的一種評價和認知，是企業經營和管理者投入巨大的人力、物力甚至幾代人長期辛勤耕耘與消費者建立起來的一種信任，是主宰企業命運的無形之手。

品牌無所不在

在我們的現實生活中，品牌無所不在，滲透在生活的每一個角落。當你打開電視，裡面很快就會出現各種廣告，很多電視節目中也常常會播出置入式廣告。站在大街上，抬眼就能看到各種各樣的廣告招牌。走進商店，琳瑯滿目的各類品牌，也將展現在你的眼前。從消費者的角度理解，品牌就是一種能夠帶給消費者「利益」的一種符號。這種「利益」，一方面是「物質利益」，一方面是「精神利益」。而「精神利益」指的是消費者在主觀感受中享受到的快樂與舒爽，這也就是當今流行的體驗行銷的實質。

正如法國符號學家羅蘭·巴特（Roland Barthes）所說：「一天中，我們會遇到多少真正的非符號場（Nonsignifying

Field)？」羅蘭‧巴特把品牌當作一種訊息強烈的符號。透過他的符號學分析，我們就會發現從肯德基，一直到每天使用的牙膏香水，幾乎每一樣東西都折射著符號學的含義。在現代商品經濟的社會中，日常生活中最普遍的「符號」（Signifier），就是那些我們渴望擁有和一再消費的、響噹噹的品牌名字。那些時刻向人們展示和傳播訊息的大牌廣告，並不是沒有存在的意義。

由此可見，形形色色的品牌早已成為我們文化生活的一部分，同時也是商業的一部分，甚至在倫敦還有一家品牌博物館，館中專門陳列了 1.2 萬種商標、包裝和海報，是由「消費歷史學家」羅伯特‧奧佩（Robert Opie）收藏的各種品牌資訊。

品牌建立顧問公司 PI Global 的首席執行長唐‧威廉斯（Don Williams）說過，一個品牌實際上就是「一個與眾不同的實體」，「它傳達出自己的價值觀、意義、功用、風格、外表以及行為方式」，從廣義上說，「國家是品牌」，甚至連「我們自己個人也是品牌」。因而，品牌的提供者始終相信，品牌完全能夠培養顧客的忠誠度，能夠確保人們對如豐田（Toyota）汽車、蘋果（Apple）的 iPhone 或多芬（Dove）沐浴乳等名目繁多的品牌不離不棄。那些著名的

日用消費品生產商們，如美國的寶僑（P&G）公司、英國與荷蘭的聯合利華（Unilever）等，都會拿出他們銷售額的10% 至 15% 甚至更多來做品牌廣告和促銷，而其中有很大一部分資金，用來做品牌建立。

或許可以直言不諱地說，品牌始於人們的利益追求。正因為有了人與人之間的利益「紛爭」，才會有市場競爭，進而會出現品牌。我們只要讀懂了市場規律中，人和利益的關係，也就讀懂了品牌的實質。所以對於一家企業來說，品牌愈來愈具有重要的意義。尤其是在市場競爭愈來愈激烈的品牌時代，企業更需要透過打造品牌，培養消費者的忠誠度來贏得市場、賺取利潤。而那些商家，無論是發放超市會員卡，還是對客戶進行品牌授權，都是為了攏絡消費者來購買自己所經營的品牌的商品。如切爾西（Chelsea）足球隊本身就是精心打造的品牌，而其隊員運動服裝上的三星（Samsung）標誌也是品牌。還有那些法拉利（Ferrari）遙控玩具汽車等，全都是為了以品牌效應吸引消費者。

有些企業正在把這種做法推向更新的高度，如哈雷戴維森（Harley-Davidson）和法拉利等，就在企業所主打的摩托車和汽車業務之外，從其他使用了主打品牌商品的那

些客戶身上，賺到了非常可觀的收入。很多其他公司也紛紛以這種方式增加企業利潤，就像精品公司推出的高階香水，很多就是授權其他公司生產的品牌。從 Prada 的 Candy 到 Gucci 的 Guilty 等。甚至連那些辦公地址，或者是一些公司所在的建築物，也在被日益打造成為具有自身特色的品牌，就像倫敦的碎片塔（The Shard），或是吉隆坡的雙子星塔（Petronas Twin Towers）等。

唐・威廉斯在品牌建立諮商中表示：「世界圍繞品牌轉動。你已經被各種品牌和品牌標誌所包圍，除非你光著身子站在野外。」他的這句話與符號學家羅蘭・巴特的一段話形成了呼應，羅蘭曾經說：「我站在大海的面前，確實沒有承載任何含義。但是在海灘上，承載著符號學含義的東西就太多了！招牌、標語、旗子、訊號，甚至那些正在曬黑的膚色，這一切在我看來都承載了非常多的含義。」正因為品牌無所不在，你根本就無法把自己孤立於品牌之外。因此，與其徘徊於品牌的門外，不如向那些品牌建立的成功者學習，精心打造屬於自己的品牌，並且讓品牌擁有長期而持續的競爭力，從而在激烈的市場競爭中，占據一席之地。

品牌掌握企業的命運

　　企業行銷的最終目的，就是讓企業在市場競爭中多賣產品、賣好產品、做大做強，讓消費者認知價值，養成品牌偏好並產生忠誠度。因此，雄心勃勃的企業，都會以足夠長遠的品牌行銷為目標，立足於更高的品牌策略之境界，提煉更加鮮明的企業品牌思想。十年來，國際品牌網（br8.com）在專注打造企業網路品牌的過程中發現，一家企業的品牌策略，總能呈現一家企業的宏偉志向和其所在的境界，而這也直接影響著品牌競爭力的強弱，使企業在長期發展中達到不同的層次。換句話說，就是品牌往往決定著企業命運。

　　在過去的 20 年裡，中國已成為亞洲經濟發展速度前幾快的國家，但是同時又是亞洲乃至全世界企業倒閉最多的地方。企業的平均壽命大約只有 3 年半，每年都會有 100 萬家的企業瀕臨倒閉，有的企業在創業期就已經宣布破產，還有一些企業可能會在 5 年內破產，10 年內會走向消亡的企業高達 85%。能夠在激烈的市場競爭中生存 3 年以上的，大概只有 10%。那些大型企業的平均壽命也只有 7 至 8 年。中國企業失敗的狀況相當嚴重，幾乎每小時就有

114 家企業不見了。這裡面固然有很多企業自身較難克服的困難，但是其中一個非常重要的原因是，企業品牌過於「相似」，缺少獨特的個性，難以打造出企業品牌影響力。有不少大型的民營企業甚至沒有系統的品牌策略，只是把口號當作了品牌。可以說，中國絕大多數企業的品牌策略都很不完整。所以，當務之急就是要進一步提煉企業的品牌思想，為企業品牌行銷和品牌策略提升境界與格局，從而把品牌提升到企業整體策略的高度上。

企業要想成就品牌，並不是單純靠一個企業口號和目標就能完成的，企業需要有長期的毅力進行品牌行銷。要在不懈努力的基礎上提高企業競爭力，不斷提升知識結構，開拓眼界，以更深遠的思想脈絡和更加博大的胸懷，提升企業品牌的策略格局和運作格局，以長遠的、發展的眼光和果斷的執行力來成就大品牌。這在很大程度上決定著企業的品牌壽命。如傑克‧威爾許（Jack Welch）就是這樣成就了「奇異公司」（General Electric Company，簡稱 GE）這個了不起的品牌。而松下幸之助則為公司做 200 年規劃，更表明企業品牌的塑造需要有更加深遠的思考。

品牌的影響力對企業的命運發揮決定性的作用。可以說，品牌是企業行銷的「救世主」。無論是哪種類型的企

業，也不管是大企業還是中小企業，甚至微型企業，無論強弱，都要把企業的產品做成響噹噹的品牌，使之能夠被消費者接受、被社會認可。一家現代型的企業，能否在市場中不斷成長並走向成功，主要就是看其在實踐中執行品牌行銷的決心和力度。

企業品牌的塑造與行銷是一種並不難學卻很深奧的學問，因為它的綜合性很強，涉及面也很廣、很全面。品牌就像企業金字塔的頂端，決定著企業的層次與命脈。品牌通常都經歷從生產出產品開始，一步步做成地方品牌，然後再做區域品牌，一直到全國品牌，最後行銷世界。當然，這種市場發展規律也並非是絕對的。很多企業的品牌建立，由於各種原因而常常半路夭折，企業最終便也難逃覆滅命運。一個成功的企業家，幾乎是在這種不同尋常的創業經歷中成長起來的。

然而，市場變化無常的殘酷事態，卻使大多數模仿者紛紛落馬。正如美國奇異公司 CEO 傑克・威爾許所言：「一個企業在市場中不變則亡。」真可謂字字千金，因為這是他在幾十年的市場打拚中總結出來的市場競爭規律。美國奇異公司之所以能夠成為世界 500 大的企業，與傑克・威爾許超一流的國際品牌行銷理念是分不開的。

商場就是沒有硝煙的戰場，每位企業家都面臨著挑戰，勝敗固然取決於操盤手的智慧、勇氣和經營理念，以及所掌握的行銷管理技能，可是品牌的作用卻同樣不容忽視。因為在全球每一家著名大企業的背後，都擎立著一把品牌的巨傘。企業究竟是怎樣成長起來的？品牌又是如何打造的？就像豐田汽車品牌那句無人不知的精闢廣告：Moving Forward。品牌意識在豐田已經深入人心，形成豐田人的一種靈魂，就像一種巨大的動力，在無形中推動著豐田汽車的巨輪，在全世界不停地滾動，竭盡所能打造品牌，把品牌做大做強。

品牌的價值與影響力：企業最大的無形資產

企業的無形資產，主要包括企業品牌、企業聲譽、人力資源、客戶關係、科技研發、智慧財產權與版權等。無形資產是企業的重要資源，企業擁有了無形資產，也就掌握了賺取高額收益的先決條件和能力。尤其是品牌，可以說是企業最大的無形資產。可是在我們的日常生活中，經常會接觸到各種品牌，特別是那些外國品牌，國內品牌很少有可以與之抗衡的。而且作為一家企業，沒有自己的品

牌，僅僅是在加工別人的產品，那麼這樣的企業就很難有
長遠的發展。

　　就像大多數的家長都有「望子成龍」、「望女成鳳」的
心願，每一位企業經營者，也都希望自己的企業能夠不斷
地發展壯大，擁有一個更加廣闊的發展空間和美好的發展
前景。所以，牢固樹立企業品牌這個最大的無形資產，是
企業得以長遠穩定發展的重要保障。樹立品牌這個不可限
量的無形資產，就會有一種無形的巨大力量，源源不絕地
促進企業長遠而有效發展。像可口可樂這個品牌，就算他
們的廠房在一夜之間全都化為灰燼，依靠可口可樂這個行
銷全球的品牌，企業依然可以很快重新建立起來並恢復勃
勃生機。因為巨大的品牌效應就像巨大的引擎，為企業源
源不斷地輸送動力，使企業不會因為一時的天災而就此一
蹶不振。所以品牌的價值就在於，品牌可以為企業帶來巨
大的影響和商業效益，是企業最大的一種無形資源。

　　正因為如此，品牌的擁有者可以憑藉品牌效應所帶來
的各種優勢，持續不斷地獲取利益。可以利用品牌形象的
擴張力來開拓市場，使企業的資本內蓄力不斷發展。因此
這種價值雖然並無法像物質資產那樣，能夠用實物的形式
進行表述，但我們還是可以看到品牌本身的價值。因為品

牌不僅能夠使企業的無形資產迅速增大，還可以直接作為一種商品在市場中進行交易。例如，富比士公布的 2013 年度最有價值品牌排行，第一名仍然是蘋果，品牌價值為 1,043 億美元；第二名仍為微軟，品牌價值 567 億美元；可口可樂仍然居季軍，品牌價值 549 億美元。

品牌權益（Brand Equity），是與品牌、品牌名稱、品牌的內涵、品牌標誌和品牌消費者等相互連繫，包括消費者、顧客、員工和所有與這家企業有利益關聯的人，以及他們對這個品牌的一種共同的感覺，每個人都能理解這個品牌所代表的意義。品牌能夠增減企業產品服務的價值與資產。主要包括五方面：品牌忠誠度、品牌聯想、品牌認知度、品牌知覺品質和其他專有資產，如商標、專利、管道等。這些資產會透過多種方式，向消費者同時也向企業提供價值。

如果去買電腦，只要一提 IBM 或是戴爾，被接受的程度就會相對較高。甚至買一瓶飲料，只要一提到可口可樂和百事可樂，對方幾乎就會接受。若是選擇速食店，只要一看門口掛著的是麥當勞標誌，就知道進去用餐準沒錯，這就是品牌效應的巨大影響力。企業的品牌也會輻射到企業的其他產品，就像原本作時裝和香水的品牌 YSL 聖羅

蘭，如果把 YSL 三個字印在手錶上，居然也一樣可以賣得很好，這就是企業把這個品牌出售給做手錶的人而直接產生的品牌效益。

品牌是企業核心價值的展現

企業的核心價值統率企業行銷所有的傳播活動。任何一次圍繞品牌行銷所做的企業活動，如產品設計開發、製造、包裝、廣告、經銷、物流、品牌建立、通路策略、終端促銷乃至售後服務、接受媒體採訪等，所有這些與大眾的溝通，都是在演繹品牌的核心價值。也就是說，消費者對品牌的任何一次接觸，都能直接感受到企業核心價值的各種資訊。實際上，這意味著企業每一分的行銷廣告費用，都是在使消費者加深對品牌識別的記憶，對企業核心價值產生更加深入的了解。可以說，企業的每一分行銷廣告費用，都在最大限度上促進品牌增值，從而達到樹立品牌的目的。

企業核心價值並不是傳播概念。作為實在的價值，就必須透過極佳的產品和服務，把價值提供和傳遞給顧客。因此企業的核心價值，不僅要呈現在企業行銷乃至整個價

值鏈當中，更要呈現在品牌的傳播中。而品牌核心價值就呈現在品牌向消費者承諾的功能、情感及利益訴求上。如果這些利益僅僅呈現在傳播上，而產品與服務的品質、功能乃至包裝，都無法有效呈現品牌的核心價值，甚至名不副實，消費者就無法在大腦中建立清晰的品牌形象，也就不會信任這種品牌。所有的企業活動，從產品的設計研發一直到售後服務，串成了一整條企業價值的活動鏈。從更深一層講，企業的所有價值活動，都要呈現品牌的核心價值，因為品牌就是企業核心價值的呈現。

如何提煉品牌的核心價值，使品牌能夠更加準確地呈現企業的核心價值呢？我們可以從以下幾方面入手：

▶ 開拓思路，發揮創造性思維，提煉個性化品牌核心價值

如果企業品牌的核心價值與市場為數眾多的競爭對手的品牌並沒有特色鮮明的差異，那就很難引起消費者的關注。在為數眾多的商品大海中，毫無特點的品牌必將石沉大海，又怎麼可能被消費者所接受呢！如果品牌核心價值缺乏個性魅力，就不會有銷售力量，也無法使品牌增值，更難以創造銷售奇蹟。而實現了高度差異化的品牌的核心價值，只要在市場上一亮相，就會成為眾人的焦點，吸引大量關注，在消費群體中引發廣泛的共鳴。差異化的品牌

的核心價值，還能夠有效地避開正面的競爭，實現低成本的品牌行銷策略。

▶ 挖掘企業蘊涵的文化情調，提煉感性品牌的核心價值

如果一個品牌的核心價值富有感染力，能夠觸動消費者內心世界的情感，就能引發消費者的普遍共鳴。如果品牌中蘊含的文化內涵，深深打動了消費者的內心，喚醒消費者對真善美普世價值的追求，那麼即使這種品牌投入的廣告傳播費用比較少，也同樣能夠得到消費者廣泛的認同和發自內心的喜歡。

▶ 企業的資源能力要與品牌核心價值相匹配

企業在行銷中使用各種傳播手段是能夠讓消費者知曉企業品牌核心價值的，並且能夠使消費者自動自發地為這種品牌的核心價值加分。但就品牌核心價值的本質而言，它不應只是一種傳播層面的概念，而是實在的價值。這種品牌核心價值，不僅要透過傳播呈現出來，更要不斷地透過產品和服務把這種核心價值由始至終、長期地交付給消費者，才能使消費者真正地認同企業與品牌。否則，這種品牌核心價值就失去了內涵，變成了空洞的概念，也就無法成為打動消費者的根本力量。要始終保持企業的產品和

服務的品質，就需要有相應的資源和能力作保證，才能確保產品和服務穩定地達到品牌核心價值的標準要求。也就是說，在提煉核心價值的過程中，企業現有的資源能力必須能夠支持產品服務達到品牌的核心價值標準。

▶ 品牌核心價值的提煉要具備廣闊的包容力和前瞻性

利用品牌這種無形資產不僅是免費的，而且其本身還能自動得到進一步提升。很多企業都期望能夠透過這種品牌延伸來提高品牌無形資產的利用率，從而獲得更大的利潤空間。因此，在提煉品牌核心價值的時候，要充分考慮品牌核心價值的包容力和前瞻性，為品牌延伸埋下伏筆。不然若想延伸品牌的涵蓋面，卻發現提煉的品牌核心價值缺乏應有的包容力，而再想改造核心價值就難免會傷筋動骨，需要重新提煉和策劃，這意味著此前付出的品牌建立成本被大量地浪費了。

▶ 品牌核心價值的提煉要有利於獲得較高的品牌溢價

品牌本身存在著溢價能力，就是在同樣的或類似的產品中，品牌要能比與之競爭的產品賣出更高的價格。對品牌的這種溢價能力有直接而重大影響的是企業提煉的品牌核心價值。具有較高溢價能力的品牌核心價值，可以從以

下兩個特點中完成品牌識別：一是品牌核心價值的功能性利益，也就是明顯比競爭對手更加優越的地方，如技術上的遙遙領先和壟斷，或者對原物料和原物料的產地都要進行精挑細選等。二是要準確把握消費者的情感追求，在利益的自我表達方面要突出「優雅、活力、豪華、經典、時尚」等時代特點。

世界品牌

世界品牌的發展史上真正意義實現商品的品牌化，最早是從 19 世紀中葉開始的。如美國的高露潔、歐洲國家的嘉士伯、西門子等品牌，都是從那個時候創建起來，並且一直走向世界發展到今天成為名牌產品。進入 20 世紀，國際品牌的發展就進入到一個競爭激烈、頻繁更迭的時代。這時候，品牌的種類繁多，而且愈來愈走向專業化的發展，並且把廣告交給了專門的廣告人員來進行設計、推廣和管理，使各種品牌的消費者愈來愈喜歡那些更加專業化的品牌推廣。廣告的分工愈來愈精細，市場調查也愈來愈受到企業的重視，愈來愈多各種各樣的品牌廣告展現在人們的日常生活和社會工作與交際中。在當今國際社會中，

品牌在人們的心目中早已比過去的任何時候都得到重視。尤其是企業家，都超乎尋常地熱愛品牌，消費者也嚮往那些名牌產品，全世界大多數國家的政府也都努力向國際上推崇自己國家的名牌產品。

國際知名企業依託自身或聯盟的資源優勢，進行大規模的技術創新，從而獲得盡可能多的產權專利，並且憑藉國際化智慧財產權背景，達到控制和轉讓專利經營的目的。智慧財產權的保護直接呈現了品牌的價值，所以創建一個良好的品牌之後，還需要精心保護，而智財權的保護就是最有力的保障。

國際知名品牌之所以成功，就在於能夠時刻做好品牌行銷和品牌建立，永遠保持品牌的年輕化。美國行銷專家賴瑞‧萊特（Larry Light）曾經分析 21 世紀行銷趨勢說：「未來的行銷將是品牌的戰爭 —— 品牌互爭長短的競爭。商界與投資者將認清，品牌才是公司最珍貴的資產。」這個極為重要的概念就是有關如何發展、強化、防衛與管理業務的一種遠景，因為擁有市場要比擁有工廠重要得多。而擁有市場的唯一途徑，就是先擁有具有市場優勢的品牌。

第二章

品牌策略：為企業發展指引方向

　　品牌策略的確立應該是圍繞企業的競爭實力來進行的，企業要根據自己的情況、行業的特點、市場的發展以及產品的特徵，靈活地探索合適的品牌策略，為企業的發展走出一條康莊大道。

企業策略依據品牌而制定

　　實施品牌策略，就是要緊緊地圍繞著品牌的核心價值，開拓各種品牌行銷活動。而且任何行銷廣告活動，都要呈現和演繹品牌核心價值，包括產品研發、包裝設計、各種媒體廣告、POP、新聞宣傳、管道通路、終端促銷，甚至企業家每次接受媒體的採訪，與客戶進行交流等。這些與消費者進行溝通和接觸的機會，都要圍繞著企業的核心價值、品牌的核心價值來展開。因為企業品牌策略所塑造的，正是企業持久的核心競爭力。企業最好的策略就是使自己的品牌做到與眾不同，並且始終為消費者提供這種獨特的價值利益。

　　什麼是企業策略？就是以建立企業持久的競爭優勢為目的，有效地圍繞目標來整合企業資源。企業策略的核心就是針對企業資源進行的整合，而品牌策略則是企業策略

的核心，是策略中的策略。品牌策略要求企業要在資源、管理、行銷、技術、人力資源、廣告等所有方面都要服務於品牌，透過全面提升企業的品牌競爭力來推動企業的發展。成功企業要以明顯優於競爭對手的戰術，至少解決市場中的一個核心問題。企業要想長期保持成功，就要使客戶能夠得到與眾不同的效用，同時樹立差異化的品牌形象。

實施品牌策略對企業有什麼好處呢？企業實施品牌策略，就能夠在不增加廣告費用的前提下，使品牌權益得到提升。基於品牌策略的廣告，才是有策略的廣告。廣告只有建立在策略與創意的基礎之上，效果才會更加明顯，才能夠呈現出品牌的核心價值，從而不斷使企業品牌做強做大。因此，就應該最大限度地合理利用現有的品牌權益，優選高效的品牌策略與品牌架構，以品牌策略為統帥來整合企業所有的價值活動，進而推進品牌權益增值。

策略不僅是企業的目標，更是企業實現這種目標的方法。更多企業的目標是如何戰勝市場上所有的競爭對手，一躍成為數一數二的行業翹楚。關鍵就是如何才能實現企業的競爭力優勢，怎樣才能使企業品牌做到獨樹一幟。品牌的競爭力實質上就是企業的核心競爭力，直接反映在市場的物化和商品化的外在表現。企業現有的核心競爭力優勢

包括資源優勢、管理優勢、技術優勢、人才優勢、行銷優勢等，這些優勢最終都應轉化為企業品牌的競爭力優勢。這樣，企業就能夠在激烈的市場經濟的競爭環境中，得到可持續性的生存與發展，從而保證企業的長治久安、長盛不衰。

從企業管理的微觀層面上來講，企業策略又可以分為產品策略、市場策略、併購策略、人才策略等。而這些職能策略，在策略中都屬於局域性的職能策略。企業如果依靠其中某一項職能策略，最多只能獲得一些短暫的競爭優勢。企業要想長期、持續、穩定地發展，唯有確立企業統一的品牌發展策略，才能集中人力、物力和財力，精心打造企業的核心能力。從本質上看，策略就是要做正確的事情，而戰術則是把事情做正確。透過不斷提升品牌的競爭力，才能夠使企業永遠立於不敗之地。由此可見，品牌策略是企業品牌建立的基礎，企業策略的核心就是品牌策略。企業實施品牌策略，就是將品牌作為企業的核心競爭力，使企業在市場競爭中立於不敗之地。企業在日趨激烈的競爭中，所面臨的產品、技術與服務日趨同質。在這樣的趨勢下，企業必然會以品牌創造差異化來謀求更豐厚的利潤。

品牌策略是企業核心策略的外在表現。在如今資訊高

速傳播的時代，產品、技術及管理訣竅都非常容易被對手模仿，品牌也愈來愈難以成為企業的核心競爭力。一家勇於創新的企業要想在競爭中確保企業的長治久安，就要為競爭對手設置一些高難度的障礙。實際上，企業品牌策略就是企業不斷創造品牌差異化的競爭策略。當前的環境是產品同質化、公關策劃同質化、通路同質化、促銷手段同質化，甚至企業的創新都在不斷同質化，因此企業不要在成本與價格的商戰中硬拚，而要更多地進行品牌策略思考，實施企業獨到的品牌策略。在全球化的商品經濟中，品牌已成為一家企業最有價值的資產，或者可以說，品牌就是企業的一種「圖騰」。

企業占領市場的關鍵：品牌策略

品牌是企業最寶貴的無形資產，在激烈的市場競爭中，企業想要扭轉乾坤，就必須制定一個長期有效的品牌策略，才能使品牌的核心價值在市場中引起強烈、持久的迴響，使企業的品牌在市場中突出重圍、占有一定地位。企業的品牌行銷，是以企業和產品品牌能夠長期發展為目的，並且建立在品牌對企業發展能產生長遠影響的基礎之

上。企業要明確的是，實施品牌策略並不是一種短期行為，並不是為了謀求一時的業績，而是企業的長遠大計，是為了謀劃企業品牌長期生存的大計方針，具有相對長久的穩定性。可以說，品牌策略就是企業占領市場的「定海神針」。而且品牌策略是站在全局的高度上，來制定宏觀的總體規劃，所以它對企業行銷的各種具體措施和活動計畫，都具有導向作用。也就是說，企業實施規劃的所有具體行動，都要與品牌策略的總體要求一致，若在某個環節出現背離，就必須即時進行調整。

隨著商品經濟的飛速發展和社會生產力的不斷提高，市場也逐漸由以賣方為主體，轉變為以買方主導。在當前這種供過於求的狀況下，消費者必然會「貨比三家」。這種情況培養了消費者逐漸形成品牌意識。這也促使企業不得不認知到，在消費者占有主動地位的市場環境裡，唯有創建企業品牌，實施品牌策略的長遠規劃，才可能在市場競爭中占得一席之位。現代商業競爭的舞臺，也由國內擴展到國際。面對那些更為強大、實力雄厚的競爭對手，企業只有積極謀劃和實施品牌策略，才能在企業行銷中遊刃有餘，贏得消費者的信賴，占據更多的市場占有率。

企業品牌的發展與演化遵循著內在的規律且有一定的

週期性，但是並不意味企業品牌能夠自然成長到發展的預期目標。企業要想茁壯地成長，就必須有適合企業產品自身的品牌策略、策略和方法，並且需要企業品牌經營者的精心培育。而且企業的品牌策略還要採取與競爭對手完全不同的、能夠吸引消費者，並且能夠促使品牌取得更大競爭優勢的策略。因此，制定和實施好的企業品牌策略，對於企業的持續發展會發揮舉足輕重的作用，使企業品牌占據強勢的市場地位，做市場的領導者。

以下介紹在不同的市場環境和企業環境中，一些成功企業的品牌策略：

▶ 單一產品的單一品牌策略

單一品牌只對應單一產品的品牌策略，是企業行銷中最基本的品牌策略，可以建立品牌與產品之間的等式對應關係，能夠在市場競爭中集中目標、形成規模經濟。這種品牌策略很適合追求單一產品效益、特徵單純的企業採用。單一品牌單一產品的品牌策略，容易使消費者建立強烈的品牌聯想，為消費者留下企業品牌專業而精純的印象，從而穩定地增加客戶源，持久增加企業的收益。單一品牌單一產品的品牌策略，能夠使企業在一個領域上取得領先地位，並且使消費者在心目中建立起清晰明確的印

象，最終使企業在單一產品的領域中站穩腳跟，取得穩固的市場地位，不斷擴大市場占有率，成長為這一市場領域中的主導品牌。

▶ 主次分明的品牌策略

　　如果企業生產的產品體系比較多，企業品牌在市場中細分，那麼採用單一產品的品牌策略就會難以細分和對應消費者的需求價值特徵，也無法進行具有針對性的有效措施。這時候，企業就需要採用主次產品分明的品牌策略，才能確保系列產品的功能升級，以不同的規格類型來應對不同的目標市場，才能更有效地解決各個問題。

▶ 單一產品的多品牌策略

　　隨著市場經濟的日新月異，消費者對品牌的價值需求也會愈來愈呈現強烈的個性化追求。當一種產品成長發展到一定程度之後，很可能就會滿足不了市場的需求。為了能夠不斷適應這種變化，企業就可以採用單一產品的多品牌策略，使這種品牌價值能夠分別滿足不同的細分需求價值。在市場上，一個品牌如果不斷地由其定位向反方擴張，那麼產品的層次和所占領的市場區域，甚至連目標客戶的特徵都會發生變化，也就會使原先定位的品牌形象，

與新的市場需求之間出現不夠吻合的差異。為了擴大市場目標，企業就可以針對這種情況採用多品牌策略。單一產品的多品牌策略對於市場占有率有很強的侵占性，能夠有效地阻斷競爭者的進攻，從而大大增加企業利潤和市場占有率，並使企業形象得到很好的保持和維護。

▶ 不同品質和等級的品牌策略

品牌策略必須根據企業的實際情況，針對市場需求發展而制訂。現代行銷學之父菲利浦・科特勒（Philip Kotler）這樣說道：「企業的情況很複雜，所以應該有壯士斷腕的勇氣和決心。因為這個放棄，減少了很多對它的壓力和拖累，使它更有力量，尋找更好的機會來發展。」在消費者的心目中，不同品牌的等級是各不相同的。品牌的等級就是品牌價值，是消費者對產品品質的心理感受，揉合價值觀、文化傳統等各種社會因素的綜合反映。品牌是否定位於高階，取決於企業向消費者傳遞的訊息是不是高品質和消費者對這種品牌資訊的接受與認可。而高價位總是用在那些高階的品牌上，所以品牌等級的定位也是品牌價值的一種呈現。

由於品牌價值也需要多元化的完善和發展，所以不同品質價位的產品，在實施品牌策略時不使用同一個品牌，

這樣就不會給消費者帶來等級混雜的印象，就可以避免企業高階品牌的整體形象受低階產品的影響而遭到損壞。

降低行銷成本

　　一流的品牌策略，一定要在立足於長遠的同時，兼顧企業的短期利益，這樣的品牌策略才是企業最需要的。在制定品牌策略和行銷策略時絕不能盲目照搬，而是必須適應國情和企業資源狀況，符合企業的實際財力和品牌的行銷能力。一流的品牌策略必須兼顧企業的短期利益，必須面對臺灣企業品牌管理能力較弱的現實，充分考慮企業目前並不寬裕的財力。企業在做品牌策略規劃時，使品牌策略立足於腳下，樹立長遠的目標，保障企業發展的持續競爭力建立，從而兼顧當前利益。這也是十分重要的課題。企業有必要認真研究和確立一種卓越的品牌策略，這種品牌策略能夠最大程度地降低企業的行銷成本，使企業迅速獲得短期效益。對這個命題進行深度分析，一定會使企業受益匪淺。我們只要深刻領悟品牌策略的基本規律，就會發現這種高階的品牌策略規劃，是能夠有效降低行銷成本的。

　　不少企業家一談起品牌策略，就聯想到那些財大氣粗

的跨國公司，他們可以為了打敗競爭對手虧上三年五載、虧損幾億美元，直到把競爭對手打倒在地之後，再考慮獲得利潤。就像伊萊克斯（AB Electrolux）、寶僑等，完全有能力先虧五年後再獲利。他們認為卓越的品牌策略，是一種近乎奢侈的企業「文明病」，必須要付出長遠的代價，這其實是一種誤解。實際上，品牌策略就是企業從樹立品牌開始起步做出長遠規劃，為企業品牌建立能夠持續發展的長遠的競爭力。要求企業有做「百年老店」的決心和勇氣，在求生存中求發展，在維繫和不斷的累積中去實現長遠的策略目標。假如一家企業連生存都成問題，或者維繫得很艱難，那麼再動聽再完美的遠景和策略都是毫無價值的。如果認為品牌策略是只顧企業的長遠利益，而不考慮企業的眼前利益，這是沒有全面正確地認知品牌策略。

目前更多的企業最關心的是如何才能使眼下的利潤飆升，更關心維持企業當下的盈利與生存，並逐步形成利潤累積。在這個基礎上，才能進一步去考慮品牌的長遠發展，建議這樣做：

▶ 透過品牌核心價值的差異化與個性化，來提升品牌權益降低成本

品牌策略有一個重要的原則，就是能夠規劃品牌核心

價值的差異化與個性化，實現品牌識別，引導品牌策略的行銷傳播活動。高度差異化與個性化的品牌資訊，原本就具有吸引大眾注意力的能力，注定一出場就能夠獲得萬眾矚目與擁戴，能夠以很低的成本提升企業的銷量和品牌權益。假如一個新進入市場的洗髮精品牌拾人牙慧，跟在寶僑品牌的後面，以「頭髮健康亮澤」、「去頭皮屑」作為廣告文案，恐怕除了被寶僑公司先聲奪人的優勢所淹沒，被以雄厚的財力為依託的系列廣告所淘汰之外，很難有所作為！

▶ **透過品牌識別觸動消費者的內心世界，就能以較少的廣告傳播費用喚起消費者對品牌的認同**

　　卓越的品牌策略要求策劃提煉品牌核心價值與品牌識別，必須能夠有效地引發消費者的共鳴。例如，雅芳以「自信的女人」引起關注；Reebok 憑著「關愛與己無關的第三世界製鞋工人」得到世人的認同；等等。一個品牌只要在品牌識別中引發消費者的共鳴，就可以不必花太多廣告傳播費用，便可得到更多消費者認同，並且使消費者迅速喜歡上這種品牌。

▶ **實施品牌策略能夠確保企業用在行銷傳播活動的每一分費用都是在為維繫品牌的核心價值作加法，這樣做必然**

會節省品牌的建立成本

品牌策略要求企業的所有價值活動，特別是行銷傳播活動，都要圍繞品牌的核心價值展開。任何一次行銷廣告活動，都要呈現和演繹核心價值，無論從產品的研發到包裝設計，還是電視、雜誌廣告，包括新聞、軟性文章的炒作宣傳和海報、掛旗、促銷品，乃至管道通路策略、終端街頭促銷，還有每一次與客戶溝通、接受媒體採訪等任何與消費者和大眾溝通的時機，都要充分演繹品牌的核心價值。如果企業能始終以品牌核心價值作為所有活動的靈魂統帥，就會使消費者在接觸品牌的任何時機都能感受品牌的核心價值，也就意味著所有的行銷廣告費用，都在加深消費者對品牌識別的記憶，從而烙下深刻的印記。如果不是這樣，就說明企業行銷傳播活動缺少中心與目標，投入的行銷廣告費只能促進短線銷售，無法長期累積品牌權益。

實施品牌策略能使品牌權益在不增加行銷廣告費用的前提下得到提升。如只需多下功夫，在設計包裝上使圖案、色彩、創意呈現核心價值，就可以在幾乎不增加費用的情況下，使廣告的效果明顯增加。愈是卓越的品牌策略，愈會使行銷廣告費用最大限度促進品牌的增值，讓每

一分錢都花得更有效率。企業在投入行銷傳播費用不變的情況下，實施品牌策略就能使品牌權益加倍增值。

▶ **卓越品牌策略是對品牌權益的深度發掘和利用**

卓越的品牌策略在規劃、提煉品牌的核心價值時，要求核心價值要有較大的包容性，而且非常注重建立品牌的威望，使品牌做大之後仍有較強的延伸能力與擴展能力，帶動更多產品得以暢銷，從而減少新品牌的開發成本。企業品牌策略是以品牌延伸規律與企業資源能力進行規劃的，使品牌在幾年、幾十年的未來能夠進入新產業，這種品牌延伸的「管線預埋」能大幅度提高品牌資源的使用率。這種無形資產利用率的提高，不僅不用多花一分錢，反而還會促進無形資產的進一步提高。

▶ **合理的品牌策略與品牌架構能使品牌建立成本明顯降低**

品牌策略規劃的一項重要工作，就是合理規劃品牌策略與品牌架構。需要處理好企業品牌與產品品牌的關係：是採用背書品牌模式如「寶僑 —— 潘婷 (PANTENE)」、「通用 (General Motors, GM) —— 別克 (Buick)」，還是採用聯合品牌模式如「雀巢 (Nestle) —— 寶路薄荷糖 (POLO)」、「花王 (Kao Corporation) —— Feather 洗髮精」；或者採

用 Swatch、Toyota 將企業品牌隱在幕後的辦法，不讓消費者知道雷達（Rado）、浪琴（Longines）是 Swatch 的品牌，Lexus 是 Toyota 的品牌。企業在開發新產品時必須考慮：是用新品牌或是老品牌進行延伸，還是採用副品牌彰顯新產品個性？應該在什麼時候發展新品牌、聯合品牌、協同品牌、副品牌，以及發展這些品牌的數量多少較為合適？副品牌如何促進主品牌的功能？

合理規劃品牌策略與品牌架構，能大大影響企業的利潤水準。當企業應該透過品牌延伸帶動新產品暢銷，使企業擴大業績時；如果不進行品牌延伸，反而去發展新品牌，那就是自討苦吃，就會使企業利潤下降，甚至還會傷及企業元氣。但是如果品牌的核心價值並無法包容新產品，卻偏偏在推出新產品時發展品牌延伸，企業就會蒙受很大的損失。品牌數量多少才算合適？企業品牌與產品品牌的關係如何？這些牽一髮而動全身的課題，影響企業幾十萬、幾百萬，甚至是上千萬、上億的資產流向。因此，深入系統地研究品牌策略與品牌架構的運行規律，結合行業特點和企業財力狀況對症下藥，靈活規劃企業品牌策略與品牌架構，就能最大程度降低企業成本。

品牌權益的最大化利用

　　品牌策略的核心本質，就是透過創建具有持久魅力的品牌來打動和吸引消費者。而創建品牌的目的，就是為了使品牌能夠為企業帶來更多的盈利，特別是可持續性的盈利。但是你知道為什麼品牌能夠為企業盈利嗎？一種品牌之所以能為企業帶來可持續性的盈利，就是因為這種品牌能夠在消費者的大腦中會不斷地形成各種聯想。消費者如果能夠對一種品牌所涵蓋的資訊展開各種美好的聯想，而且能夠被這種聯想深深觸動，就會喚起內心世界中積極、喜悅和歡樂的情緒體驗，這種品牌就會得到消費者的認同和喜歡。如果愛上這個品牌，當然也就很願意花錢去購買，甚至心甘情願地掏出更多的錢購買這個品牌。這種能夠觸動消費者內心世界的、最有力量的資訊創意，就是所說的品牌策略的核心價值。

　　很多人都知道全球知名的鐘錶 —— 浪琴（Longines）、歐米茄（OMEGA）、雷達（RADE），還有斯沃琪（Swatch）、天梭（Tissot）等。這些風格迥異、品牌不同的名錶，每一種都凸顯著獨特的個性。事實上，這些品牌源自同一企業 —— 瑞士 Swatch 集團。Swatch 旗下生產的每個名錶品

牌，都會在消費者的頭腦中建立個性鮮明的品牌聯想。可是你知道嗎？為了能夠彰顯每個品牌獨特的個性，Swatch公司從未主動透露和宣傳這些名錶的來源。這樣就會使消費者更容易區分不同的品牌，可以根據自己的身分、職業和社會地位進行購買和選擇。如尊貴豪華的歐米茄是成功人士或名人的首選，而雷達表象徵的是高科技，浪琴蘊涵優雅的意味，前衛時尚的潮流人士則更喜歡斯沃琪。

為了在廣告宣傳和市場推廣中充分呈現每個品牌的鮮明個性，Swatch 並沒有強調這些品牌之間的連繫，而且每一款名錶都精心挑選形象大使，像國際超級名模辛蒂‧克勞馥（Cynthia Ann Crawford）、艾拉‧麥克弗森（Elle Macpherson）、好萊塢國際影星皮爾斯‧布洛斯南（Pierce Brendan Brosnan），還有前世界一級方程式冠軍車手麥可‧舒馬克（Michael Schumacher）、高爾夫傑出人物厄尼‧艾爾斯（Ernie Els）等。為了滿足更多消費者的需求，Swatch 還會在旗下品牌再開發收購一些品牌，但是一定要使每個品牌都能在消費者的大腦裡建立個性化的品牌聯想，企業的這個發展宗旨是不會放棄的。

很多成功企業品牌策略的核心就是管好了消費者的大腦，贏得了消費者的心。就像 BMW 就是把「駕駛的樂

趣」、「瀟灑的生活方式」印在了消費者的大腦裡，建立起灑脫自由的個性聯想，從而奠定了在高階車市場的尊貴地位。品牌帶給消費者的認知與聯想是企業品牌價值與資產根本的源泉，能夠對品牌的盈利力產生重大影響。因此可以說，品牌管理的本質就是要管理好消費者的大腦。具體來說，就是要深入研究消費者的內心需求，了解消費者購買此類產品時受哪些主要因素的驅動，在探討行業特徵、競爭對手的品牌聯想基礎上，以品牌的核心價值為中心，為品牌識別系統定位，並且以品牌識別系統來統率企業的一切品牌價值活動，也就是以消費者為主體的一切行銷傳播活動。這樣，企業所期待的品牌聯想就能夠不斷深入消費者大腦，成為一種刻骨銘心的記憶烙印。

真正的品牌管理實際上是高於企業行銷的傳播活動。品牌負責人如果做市場總監的工作，每天都忙著行銷策劃、廣告創意、公關、促銷等活動，顯然違背了品牌管理的宗旨。要想策劃好企業的品牌策略，首先就要以核心價值為中心，規劃品牌識別體系，再規劃品牌識別的具體策略，然後對品牌策略的實施情況進行檢查，觀察每一個環節，如行銷策略、廣告、公關、促銷等傳播活動，看其是否有效呈現了品牌識別，從而使產品策略與活動都能演繹

品牌識別系統，使所有的廣告費用都能有效加深消費者的記憶與認同，在消費者的大腦中對品牌展開聯想識別。企業要想打造強勢品牌，就要按照品牌識別來統率一切行銷傳播活動，把企業所期待的那種品牌聯想，深深刻在消費者的內心深處。

第三章

品牌定位：洞悉核心價值

　　所謂品牌定位，就是對品牌進行設計，從而使其能在目標消費者心目中占有一個獨特的、有價值的位置。品牌定位是品牌建立的基礎、品牌成功的前提、品牌管理的首要任務，也是品牌占領市場的前提。

品牌個性的建立

　　富有個性的品牌核心價值可以使消費者清晰明確地從眾多商品中識別並記住品牌的個性與利益點，這是吸引消費者認同、喜歡乃至愛上這個品牌的魅力所在。建立了品牌獨特的個性，你的品牌就會區別於同類產品：而品牌的核心任務，就是要清晰地勾勒這種「誰都不像」的品牌核心價值。很多成功企業能夠在十幾年、幾十年乃至上百年的品牌建立中，持之以恆地堅持這個品牌個性。在漫長的歲月中，企業只有以非凡的定力去堅守具有獨特個性的品牌核心價值，品牌才不會在風吹雨打中枯萎凋謝。

　　要讓每一次的品牌行銷活動和每一分廣告投入都為品牌的維繫與提升做加法，不斷向消費者傳達企業的核心價值，時刻提醒消費者及時聯想企業核心價值。久而久之，品牌所傳遞的獨特的核心價值，就會在消費者心中留下深

刻的烙印，使品牌對消費者形成最有感染力的內涵。但是大多數企業很難自始至終地堅守具有品牌個性的核心價值，存在著企業品牌月月新、年年變的問題。深入研討企業缺少持之以恆地堅守品牌個性的原因，以及如何建立品牌特徵，讓企業擁有自己獨特的個性，並且使消費者接受這種個性，有利於企業管理和品牌定位的進一步發展。

建立品牌要解決以下幾個問題：

▶ 如何為企業命名

如何為企業命名是每一位創業者最先遇到的問題，這個工作往往會讓人感到精疲力竭。一家企業的完整名稱，應該是能夠表示企業所處的地域，反映企業個性、產品和行業特點以及企業形態的字號。

企業名稱是表現品牌核心價值的最佳途徑，所以在為企業取名時要考慮取名的原則。好的企業名稱可以成為企業成功的無形資產，所以要簡潔、獨特，要遵循好叫、好聽、好寫、好記的取名原則，使人印象深刻、過目不忘，容易被受眾記住。由於兩個字的同名機率太高，所以選3-4個字比較容易通過審核。如果企業的名稱太長，一般人想要記住它就比較有難度。企業名稱需要有創意，最好是簡單明瞭，不要用描述性的名稱。你可以使用字典、百科全

書、維基百科等工具，也可以從其他語言中獲取經驗，選一個獨特的名稱。如果自己能夠發明一個詞更好。

企業在取名的時候，常以創業者的姓名或其諧音作為字號。如川普集團（The Trump Organization）的字號，就是取自老闆唐納‧川普（Donald Trump）的名字；也可以直接用核心產品的名稱來反映核心業務。要想透過企業名稱達到品牌個性宣傳的目的，就要使名稱能夠反映企業核心價值與企業文化等。從宣傳企業品牌的角度看，應該選用能夠表達企業精神、事業興旺以及美好願望、遠大理想或吉利好記的字詞，如義美、統一等。如果企業已經擁有了被很多人知曉的名稱，就不要輕易更換。因為給企業改名會對其特徵造成嚴重破壞，留給受眾不好的印象，會使大家覺得企業乃至品牌都不值得信任。誰願意相信三天兩頭就改名字的人呢？

▶ 品牌的塑型與定位

品牌是企業對自我價值的承諾。低價策略雖然有助於眼前的銷售量，卻不是企業長期穩定發展的成功之道。企業要想造就偉大的品牌，就必須將品牌塑型、定位，創造對於顧客的品牌情感與承諾。把提煉品牌個性作為企業的行銷策略，品牌價值才會有提升的空間。消費者的消費過程與品牌

意象息息相關，所以對於品牌，企業必須塑造一個消費者認可的意象。但是很多企業認為廣告是塑造品牌的快捷方式，就像麥當勞做過很多的電視廣告，而舉世聞名的星巴克的廣告就很少。關鍵是要找到品牌定位，發現品牌的利基市場，這比用廣告轟炸重要得多。品牌要有創意，要不斷創新，消費者才會口口相傳，媒體也會主動報導，這才是經營的正確方式。因為企業最希望做到的，就是讓消費者將品牌融入自己的生活中。如品牌成功的經典哈雷機車，如今已不只是拉風的機車，那些「哈雷騎士」穿著皮夾克，有的還刺上圖騰，這種品牌特性成為哈雷精神的象徵。

▶ 品牌設計的視覺元素

視覺元素是人們接觸品牌的開端，因而在建立企業品牌個性特徵時是不可缺少的。包括品牌的網頁設計、應用的視覺性等，都會影響到消費者對企業和品牌的第一印象。

標誌設計：這是品牌的一個十分重要的元素，有必要作為獨立的課題進行深入研究，因為標誌是企業品牌區別於競爭對手最直觀的標誌。標誌的設計最好簡潔明瞭、能使人過目不忘，避免使用複雜的構圖和繁瑣的配色。要讓消費者一看到企業的標誌，就能留下深刻的印象，以後再

次看到這個標誌時還能回憶起來。

　　企業名片：每個企業都需要設計富有獨特個性的名片，這對於品牌來說是十分重要的，因此需要在名片上反映出企業的核心價值觀。可以別出心裁地在名片設計上加入一些元素，例如新奇的職位名稱等。最重要的是，名片的設計要能夠反映品牌的特性。如果企業是剛剛成立的新創公司，在名片上最好不要使用太過古板的設計。

　　線上網頁：企業有關品牌的網頁資料可能是受眾最先接觸的地方，因此這些元素更要認真考量。要在網頁上對企業做出簡明的介紹，讓受眾了解業務和優勢。企業永遠不要忘記的是，和消費者溝通的首要目標就是講述品牌的故事。不要只向消費者展示產品功能，而要講述這些功能能夠讓他們的生活變得美好，並且還要告訴消費者，他們遇到的問題總被考慮到的，能夠透過企業產品和品牌就能解決這些問題。

　　色彩選擇：在品牌價值的各種表現中，也需要考慮色彩方面的選擇。所採用的顏色應該準確代表品牌的特色，並且這些顏色要能給受眾留下深刻印象。要想選擇合適的顏色並不簡單，最好與專業人員一起進行研究探討，在美麗的色環上找到恰當的顏色。

印刷版式：就像選擇色彩，美觀的印刷版式和字體也能夠傳達出企業品牌的很多訊息，因此也需要認真選擇。Serifs 字體相對正式、Sanserifs 更具現代意味，每一種不同的字體，都會給受眾留下完全不一樣的印象。但是一定要避免使用過於花俏的字體，以便使印刷內容清晰易讀。

▶ 領導者的魅力與客戶服務

企業的領導者如果擁有個人魅力，就能讓員工甘願為企業拚搏。領導者的個性決定一個企業的個性，人們會因為這種企業個性而對企業產生信任感，繼而愛上其品牌。所以企業需要確定自己的個性，要保持誠實，對消費者展示自己真實的實力，而不是對自己進行「偽裝」。例如，在企業管理中，企業的領導者要注意發揮獨特的聲音魅力，清脆的聲音會使人的注意力更加集中，並且人們會透過獨特的聲音來了解和捕捉你的訊息，使領導者縮短與消費者之間的距離感。企業的領導者所有的工作都是針對消費者，事實上企業領導者者所做的一切工作都在影響著消費群體。而企業的客戶服務也是很關鍵的方面，最能夠區別出一家企業到底是優秀還是糟糕。所有的企業在進行銷售時，都會顯得熱情而又禮貌。但是當商品一旦出現了問題，企業的服務又將如何？真相一浮出水面，就會給消費

者留下強烈的印象。企業要為消費者提供優秀的客戶服務，這是建立品牌個性中最重要的一項工作。優秀的客戶服務，就是應該成為企業的核心價值觀之一。

品牌定位的基石：產品特色

企業的品牌定位應根植於產品特色。所謂的「品牌定位」，就是企業致力於使品牌在消費者的心目中，占有一個獨特而有價值的位置，使某一品項或者某種特性產品在消費者的心目中形成具有代表性的品牌印象，從而影響消費者的購買選擇。品牌定位是一種重大的商業性決策，是企業針對特定品牌的個性差異所採用的文化取向，是以市場定位和產品定位為基礎，建立與目標市場相關的品牌形象。換句話說，就是指為某個特定的品牌，在市場中確立一個適當的位置，使商品能夠在消費者的心中占領一個特殊、無可替代的位置。消費者一旦產生相關需求，如在買牙膏時就會因想到「防蛀牙膏」而選購高露潔這個品牌。

消費者之所以會有這樣的選擇，就是因為這兩種品牌的定位都是根植於其產品特色而產生的品牌效應。這種品牌定位的差異會直接影響到企業的目標受眾對企業品牌的

評價，影響著品牌所能達到的企業效益。例如，某一個品牌定位於高層白領服裝市場，而另一個服裝品牌則定位為大眾服裝批發，那麼這兩個品牌的發展途徑就完全不同。品牌定位決定著品牌未來的發展走向與發展高度，因為品牌定位是企業一切行銷活動的前提。品牌定位的理論，主要來源於全球頂級行銷大師、「定位之父」傑克‧特魯特（Jack Trout）首創的品牌策略定位。

企業為了突出產品某一方面的特色，竭力使這種產品能夠在消費者的心目中形成深刻的印象。產品特色定位是根據產品本身的特徵來確定這種品牌在市場上擁有的位置。這時的廣告宣傳就應該側重介紹這種產品獨有的特色，或是側重這種產品優於其他產品的獨特性能，以便於與所有的競爭產品區別開來。在品牌具體定位時要把構成這種產品內在特色的許多因素作為為這種品牌定位的依據，如產品的品質、等級、價格、特點等。要想實現品牌定位，首先就要對產品特色進行定位。也就是說，品牌定位的前提就是產品特色定位。具體而言，企業在根據產品特色為品牌定位時，一般採用下列幾種方式：

特殊成分定位：突出產品特有的某種效用成分，如雙氟牙膏，由於突出了含有雙氟這種能防治牙病的成分的特

點，所以迅速贏得牙病患者的青睞。

特殊功能定位：因產品所具有的特殊功能而區別於同類產品，從而獲得差異優勢的定位方式。如固齒健牙膏強調的潔白健齒的功能。

多重功效定位：強調企業的產品在具有消費者所預期的用途之外，還擁有一般消費者未曾預期的某種用途。

特別情感定位：透過強調產品某種特別的情感色彩，來迎合目標市場對這種產品的品味需求。

競爭優勢定位：強調本企業的產品與某著名品牌具有相異之處，以此來取得競爭優勢，如七喜飲料，強調七喜是區別於各種可樂的「非可樂型」飲料。

特定關聯定位：以強調特定關係的方式進行產品特色定位，將公司的一些產品與市場上的名牌連繫起來，爭取一定的競爭優勢。

以消費者的角度為出發點

品牌定位點的開發，不應侷限於產品本身。因為品牌定位點並不是產品定位點，它源於產品，卻應當等於或超

越產品。企業對品牌定位點所進行的開發，一般是從經營者的角度出發，對品牌產品的特色與特點進行挖掘。具體地說，企業對於品牌的定位點的開發，可以從產品、目標市場、品牌的競爭者、品牌識別等全方位進行尋找，進而開發品牌的定位點。在這裡必須強調的是，品牌定位點可以與產品定位點一致，也可以高於產品定位點。

一般來說，產品本身所具有的獨特屬性就是品牌定位最原始的來源。產品不是品牌，所以品牌定位與產品定位也不是一回事。品牌定位常常從產品的屬性中尋找定位點，如富豪（Volvo）強調安全耐用、海倫仙度絲強調去頭皮屑。但是產品屬性定位法的風險很大，因為這種獨特性很容易被模仿，很難長久保持。如消費者接受了海倫仙度絲去頭皮屑的屬性，那麼當同樣具有去頭皮屑屬性的產品迅速進入市場時，便會很快失去優勢。除非是某種不易模仿或模仿困難的獨特屬性，才能保持下來成為一種良好的品牌定位點，就像美國象牙肥皂（Ivory）的飄浮特性。還有一種為目標市場始終關心的特性，需要持續不斷改進。如富豪（Volvo）成功定位於安全性的重要原因，就是汽車需要不斷改進安全性能的屬性。

建議這樣做：

▶ 站在目標消費者的角度去開發品牌產品的定位點

從使用者角度尋找開發品牌定位點，就是把產品和某位用戶或某類用戶連繫起來，直接針對品牌的目標消費者。這種品牌定位點的開發來源十分普遍，暗示能給消費者解決某類問題，帶來一定利益。透過使用者開發品牌定位的策略在表意性品牌中的使用較為普遍，像麗仕、歐米茄等品牌都常用使用者形象代言人展現品牌定位。

還可以從應用的場合和時機中進行品牌定位，像來自泰國的紅牛飲料就定位於「累了睏了喝紅牛」，強調產品能夠迅速補充能量、消除疲勞。也可以從消費者的購買動機和購買目的中尋找定位點，如「雞精」代表女婿對岳父岳母的孝敬，還有「好吃又好玩」的兒童用品等。當然，從消費者生活方式的角度中尋找品牌定位點，無疑也是愈來愈多的企業選擇的一種途徑。例如，一些品牌針對白領、針對喜歡晨練人群、針對關愛家庭的消費者的定位等。如青箭口香糖，定位於職場中活力四射的年輕人；賓士定位於豪華、富有的消費者。

▶ 從品牌與消費者之間的關係去尋找品牌的定位點

品牌與消費者之間有一個結合點，而這兩者的結合點正是企業尋找和開發品牌定位點的又一途徑。品牌就好似

一個人，他與消費者之間是一種怎樣的關係？是以一種怎樣的態度對待消費者的？是友好的、樂意幫助人的？還是關心愛護、體貼入微的？或是其他的什麼態度？一些嬰幼兒產品或一些兒童食品，也常常會用這種關愛的語氣或聲調來表達這種品牌與消費者之間的親近關係。還有的品牌定位點是針對現代消費者展現自我的個性追求進行定位的，並且透過品牌定位就可以賦予品牌相應的意義。

▶ 根據消費者從產品中得到的利益作為品牌定位點

確定消費者在產品中得到的利益點，也是選擇品牌定位點的一種重要手段。如全錄影印機為了強調操作簡便且影印文件與原稿效果幾乎無差別的特性，就選擇讓一個五歲的小女孩去操作影印機，當她把原稿與影印文件同時交到爸爸手裡時，以至於爸爸會問「哪一個是原稿？」當品牌與產品處於一種對應狀態的時候，產品的利益點就可以作為品牌的定位點，如「高露潔，沒有蛀牙」。用消費者對產品的利益點進行品牌定位需要注意的是，這個利益點必須是企業最早開發出來的，或者是最早表達的，如果不是這樣便沒有多大的價值。而且這個利益點應該是大多數消費者所關心的核心利益點，而不是什麼附加性利益點，否則便會顯得不太合適。

口號的力量

　　一個好的品牌口號，能夠瞬間打動人的情感，是可以立刻深入人心的。所以好的品牌口號能夠立刻提升品牌的價值，是企業競爭中不可忽視的軟武器。

　　好的口號是品牌的核心競爭力，因此任何一家企業，任何一個品牌，都應有一個響亮的口號。口號的定位對企業的發展十分重要，因為好的品牌口號能幫助企業迅速提高銷量，好的品牌口號也是企業有力競爭的軟武器，好的口號能將競爭對手與自己區隔開來。那麼企業應該如何創建品牌口號呢？口號定位一般遵循以下原則：

1. 以闡述產品的功能作為品牌口號的定位
   透過強調產品功能的方式，來傳播企業口號。
2. 透過表達企業理念進行的口號定位
   如諾基亞（Nokia）的「科技以人為本」即是闡述企業理念。
3. 直接向顧客訴求的口號定位
   透過對消費者進行直接訴求的方式，達到讓別人記住、找到並進行購買的目的。
4. 表達能與消費者產生共鳴的口號定位

5. 如三菱電梯的口號是「幾十年如一日，上上下下的享受」。

6. 直接闡述喜歡這種品牌的理由作為品牌口號的定位
   如戴比爾斯為鑽石做的品牌口號定位是令人聽後難以忘懷的「鑽石恆久遠，一顆永留傳」。

7. 以俗語、歇後語作為品牌的口號定位
   品牌口號是企業品牌的核心競爭力。企業在品牌推廣的時候，如果沒有一個琅琅上口的口號，又怎能達到廣告效應？但是在很多行業裡，許多企業是沒有口號的。還有一些企業雖然有口號卻不知所云，也有很多企業的廣告口號和品牌口號雷同，根本就發揮不了應有的推廣作用。如果在生產同一類產品的企業中，自己的廣告口號和品牌口號是雷同的，又怎麼能彰顯出類拔萃的品牌創意呢？如果口號無法標新立異，就會與競爭對手分割不清，從而影響企業品牌定位的核心競爭力。這實際上是企業品牌策劃者的程度問題。

   儘管廣告口號與品牌口號並不容易分開，有時甚至覺得沒有必要分清。但是在產品競爭日益趨向於同質化的今天，要想讓企業贏得更多消費者的認可，使品牌在同類產品中出類拔萃，最關鍵的是要使企業系統而準確地分析市

場，先給自己定好位。如果不想讓廣告口號成為生活的噪音和企業的困擾，就應該為企業制定不同的品牌口號和廣告口號。

品牌口號勢在必行。一家企業在品牌推廣中，只要找準了品牌的口號定位，就可以把產品品牌快速地推向市場，並且給人留下深刻的印象。但是還需注意的是，品牌口號與廣告口號之間還是有一定區別的，要想避免兩種口號的雷同，就要明確兩者之間的不同 —— 廣告口號是定位於產品本身的一種短期行為，強調產品的功能和促銷所要達到的效果。而品牌口號是定位於企業本身的長期高標，強調的是企業的核心競爭力與品牌的核心價值與文化內涵，甚至可以作為企業的傳家寶。

案例解析 1：萬寶路

那是在 1908 年一個飄雪的日子裡，一位紳士申領了營業執照。經過一番艱苦努力，菲利普‧莫里斯（Philip Morris）的公司終於開業了。這位躊躇滿志的創業者還用工廠所在街道的名字 Marlborough，為他的捲菸產品取了一個好名字 —— Marlboro，這就是頗有王者風範的「萬寶路」。

可是誰能想到，品質上乘的菸草品牌 Marlboro，起初面對的卻是女性顧客。所以那個時期萬寶路的廣告詞是「像五月的天氣一樣溫和」。可是歷史悠久的萬寶路，在當時的很長一段時間都默默無聞，並未產生生產者預期的號召力。於是莫里斯苦苦思索，最終發現，「溫和」的品牌形象並不能夠打動人心，而且女性也並非是香菸消費者的主流群體。要想讓萬寶路成為顧客的最愛，首先應該改變形象，要面對消費大眾中的主流。於是，一個強而有力的、充滿個性與力量的男人形象 —— 粗獷豪放、獨立不羈的萬寶路形象，終於展示在消費者的面前。

早在 1954 年以前，在美國六家主要香菸公司中，菲利普莫里斯公司是其中最小的一家。但是經過幾十年的努力，改頭換面，以「男人的獨立個性」展現在消費者面前的萬寶路終於大獲全勝。1955 年，萬寶路榮膺全美十大香菸品牌。1968 年，萬寶路單品牌的市場占有率上升到全美菸草業的第二位。在 1975 年，萬寶路一舉摘下美國捲菸銷量第一的桂冠。到了 1980 年代中期，萬寶路已經發展成為全世界菸草行業的領導品牌。在 1989 年，萬寶路已在全世界售出了 3,180 億支香菸，年營業額高達 940 億美元。如果將萬寶路作為一個獨立的公司，那麼在美國《財星》

（*Fortune*）雜誌的全球 500 家大企業的排序中，萬寶路可以排在第 45 位。如今菲利普莫里斯公司生產的萬寶路香菸已連續 14 年成為美國香菸行業的銷售冠軍。由於萬寶路以獨到的眼光掌握了成功的契機，最終得以成為全美國第一香菸公司。

萬寶路香菸的成功得益於萬寶路公司在行銷政策上所下的一番功夫，其中一方面是得益於香菸濾嘴和獨特的外包裝設計。當時美國流行的是無濾嘴香菸，而眼光敏銳的菲利普‧莫里斯公司注意到，過濾嘴香菸很可能成為當時香菸市場的新趨勢、新走向，於是便大膽推出了帶有過濾嘴的萬寶路香菸，再配上設計獨特的 Flip Top 硬盒包裝全面上市。萬寶路採用的紅色 V 形設計非常吸引人，甚至成為萬寶路的代言，人們只要看到紅色的 V 形設計就知道是萬寶路香菸。萬寶路的這種包裝幾乎是當今最成功的商品包裝典範。

萬寶路的成功，歸根結底是得益於萬寶路煥然一新的品牌形象。為了使廣告效果更加逼真，在萬寶路的香菸廣告、海報中所出現的人物形象，都是從美國西部找來的當地牛仔，而並不是那些專業的模特。自由奔放、粗獷豪爽的男性牛仔，與聽來令人振奮的配樂成功結合在一起，加

上 Where there is a man, there is a Marlboro ——「哪裡有男士，哪裡就有萬寶路」的廣告詞，更是令人印象深刻、觸之難忘。尤其是萬寶路堅持在全世界貫徹使用一致性的廣告行銷策略，使萬寶路在世界各個國家的各個角落都保持統一、完整，更在消費者的心目中留下深刻的印象，從而奠定了穩固的形象基礎。行銷策略的成功使萬寶路香菸迅速風靡全球，菲利普莫里斯公司因此收獲了最大的品牌效益。

萬寶路使品牌擬人化，造就了獨特的萬寶路形象，使品牌與受眾之間達成了更好的溝通。如果萬寶路是一個人，那麼他就是一位具有自由、野性與冒險精神的美國西部牛仔。而莫里斯公司正是透過選擇和彰顯男性力量的獨立個性來達到溝通的最高境界。萬寶路成功地樹立了鮮明的形象，穩固地扎根在人們的心目中。人們對萬寶路不僅是形象上的認同，更是對萬寶路品牌高度熱切的嚮往。這種形象幾乎可以說是永恆的，卻又是無形的，是在萬寶路始終如一的宣傳中逐漸形成的。這種將美國西部牛仔的個性，賦予在萬寶路品牌之中的品牌策略，最終形成了萬寶路獨特的品牌核心價值，成為一筆巨大的無形資產。

案例解析 2：「花花公子」

美國「花花公子」企業國際有限公司（Playboy Enterprises International, Inc.）的創始人休・海夫納（Hugh Hefner）於 1953 年推出「花花公子」高階服飾系列品牌，已經逐漸走上了親民化的路線，成為全球最受歡迎的品牌之一。一個可愛調皮的兔頭，再加上 PLAYBOY 標誌，就是美國的花花公子。PLAYBOY 商標是「休閒品味」的綜合性商標，意思是擁有「最愉快，最有價值的生活」，就是要使人們在忙碌的工作之外，還要有休閒的生活情趣，從而才能更好地工作。追隨 PLAYBOY 創意理念，就會使人變得更有品味也更有品味，人生才會愈來愈有價值。PLAYBOY 總是將生活瞬間的美感凝聚於服裝設計這一藝術形式之中，充分展現屬於每個人自己的獨特個性與品格。近年來更是以歐陸風格為主，融合了東方文化精粹，結合新穎的服裝創意設計理念，創造出適合於都市帥男靚女心中獨具魅力的服裝。

PLAYBOY 是一種生活、一種文化，更是一種精神和理念。PLAYBOY 並不意味著遊手好閒，而是視休閒與工作為一體，追求一種完美的休閒興趣與工作生活方式。如

今上至名流、政要，下至普通的受薪消費者，每個人的心目中都有一個屬於自己的「花花公子」。即使你討厭輕佻，甚至你拒絕購買任何「花花公子」的產品也沒有關係，因為你無法否認經歷了漫長歷史的「花花公子」品牌是如此強大。這個創立於美國伊利諾斯州的世界著名品牌，洋溢著紳士休閒的濃郁味道，生產的服飾系列無不令人賞心悅目。強調將傳統經典與現代時尚相結合的「花花公子」，以其無限的魅力風靡全球。

但是早在 1973 年，「花花公子」品牌經過一段時期的高速發展之後，由於品牌定位不清，致使高層客戶不斷流失。為了解決這個問題，創辦人休‧海夫納在花花公子原有品牌的基礎之上，為了能夠滿足高階消費者的需求，分別推出兩個尊貴系列 ——「花花公子 GOLF」系列與「VIP 花花公子」系列。這兩個尊貴系列上市後，就以頂級的做工、時尚的款式以及精選的布料在歐美市場開創局面而被口耳相傳。正是「花花公子」的這種勇於開拓、大膽創意的精神，以及對享受高品質的物質生活獨到的理解，成就了美國「花花公子」的輝煌。「花花公子」品牌的成功，在很大程度上都與創始人休‧海夫納本人對「花花公子」享受生活的品牌定位有直接的關係。

　　「花花公子」服飾緊緊抓住國際流行時尚的趨勢與鋒芒，創造出一個又一個充滿個性魅力的男士服飾系列。PLAYBOY 以便服、運動服裝為主，採用輕柔舒適的質料和領先世界潮流的設計，形成了瀟灑豪邁氣質的便服和充滿動感活力的運動服裝系列。以最完美的服裝為中心，再加上形形色色 PLAYBOY 的獨特創意，以及各種富有意趣的日常用品，構成了花花公子式的「休閒品味」、「休閒情調」的生活氛圍。盡顯成功者風範的「花花公子」系列服飾，一直保持對高品味、高品質、高等級的追求，以其瀟灑自然而又簡約和諧乃至休閒浪漫的格調，征服了全世界的消費者。

　　「花花公子」服飾系列以簡約的手法，富有創意地將美國奔放自由的風格與東方典雅含蓄的情調自然地揉合在一起，兩者融為一體，進入東方市場。享譽全球的「花花公子」一直以精湛的做工、優質的服務以及精選的布料、時尚的款式稱名於世。而且版型設計十分合身，價位也比較合理，因而自進入東方市場的數年來，銷量一直攀升。時至今日，「花花公子」旗下已經擁有服裝、皮件、皮鞋等多個系列。在服裝以外還有種類繁多的 PLAYBOY 商品，其中包括領帶、襪子、內衣、內褲和文具等，在全世界建立

了為其獨有的精神和理念，鞏固了「享受高尚的生活」這種品牌定位。如今的 PLAYBOY 已邁向運動鞋和高階皮鞋市場。

品牌核心價值的塑造是一項長期的策略，持之以恆地將公司定位於未來更大的成功。「花花公子」的創辦人休·海夫納，自從雜誌創辦開始至今的 60 多年裡，一直扮演「花花公子」品牌代言人的角色。從來沒有其他任何品牌的代言人，能夠像他這樣與代言的品牌始終保持密切的關係，而且能夠在如此長的時間裡始終扮演這一品牌的代言人，這種現象也幾乎是絕無僅有的。尤其是海夫納身為休閒品牌的代言人的角色，也需要大量的精力和堅定的信念。因為過去的那些日子，「花花公子」並不是一帆風順的，很多時候「花花公子」都處在一種近乎蕭條的狀態中。而它最終走過了風雨、渡過了難關。休·海夫納始終如一地堅守自己創立的品牌，面對各種挑戰也不改初衷，每一次都堅強地跨越無數障礙，渡過難關，繼續成長。

身為終極品牌的代言人，休·海夫納對他的產品和品牌保護的絕對信條就是不屈不撓，成為「花花公子」這個品牌鮮活的化身。這是「花花公子」能夠長期發展的重要原因之一。「花花公子」是一種情感性品牌，而情感性品

　　牌通常是以所擁有牢固的客戶忠誠度為基礎的。忠實的客戶會對某種定位的品牌進行重複購買，成為這種品牌始終如一的支持者。正是由於「花花公子」的品牌定位是「享受生活」，其產品的魅力本身就能夠使一大群忠實的消費者與其保持親密的關係，並樂於與他人分享這種品牌所帶來的美好體驗。再沒有比品牌的支持者更強而有力的口碑行銷了，這種品牌的良好定位本身也在使企業逐漸地發展壯大。

第四章
品牌設計，要讓人印象深刻

　　品牌設計是一個協助企業發展的形象實體，它不僅能協助企業正確把握品牌方向，而且能夠使人們正確、快速地對品牌進行有效深刻記憶。

每個品牌都需要一個好名字

　　「十年磨一劍」，「Lexus」品牌在中國市場上剛好馳騁10年就被改名。豐田公司的這一舉措，從品牌投資、品牌權益以及市場文化、命名規則和改名的初衷來看，利弊兼備。豐田要想保證品牌的新名獲得成功，就要利用配套措施來消除負面影響，才能在平衡中產生積極效應。一個具有10年的市場經歷，投入了巨額財務資源打造的品牌，形成了獨特的品牌定位和品牌權益突然改名，就相當於白白損失了這些資產。不管怎麼說，改名都是一種損失和浪費。而樹立新品牌同樣需要巨大的投資，浪費是顯而易見的。

　　好的品牌名字要顧及當地市場的文化和風俗習慣，能夠喚起消費者無限的聯想。而且簡單好記，最好能在三個字以內，如 BMW、飛柔、賓士、三星等品牌。語言本質就是訊息的表達，品牌取名就應該借助語言向消費者傳遞

品牌資訊。而且在品牌行銷中,品牌名稱的兩個重要的環節就是易於發聲和易於記憶。

品牌命名需要注意以下事宜:

▶ **品牌名稱的合法性**

品牌命名的首要前提是要得到法律的保護。如果不註冊,再好的名字都得不到法律保護,也就不是自己的品牌。

「螳螂捕蟬,黃雀在後」,市場上不乏處心積慮的競爭追隨者,敏銳的商業嗅覺使他們時時得到打探鑽營的機會。因而企業在為品牌命名時,如果缺乏品牌名稱的法律保護意識,就會釀成嚴重後果。因此在為品牌命名時,企業一定要使用註冊商品名稱。有些品牌不但採用註冊商品命名,而且為了全面保護品牌不受侵犯,還進行近似商品名註冊。

▶ **品牌命名的傳播力**

一個品牌成名的重要原因之一,就是消費者能夠在第一時間想到這種品牌的名稱,也就是品牌名稱本身就具有傳播力,所以才會擁有家喻戶曉的知名度。因此,品牌的命名首先要考慮品牌名稱的傳播力,給產品取名要能使消

費者過目不忘才能最大限度地讓品牌行銷出去，這樣的品牌命名才算是成功的。否則，如果一個品牌名稱傳播力不強，目標消費者在需要消費時想不起這種品牌來，那就只能是白費心機。品牌名稱的傳播力強不強，主要取決於品牌名稱的詞語和含義這兩個因素，缺一不可。品牌命名的傳播力是品牌的核心要素，只有品牌名稱具有強而有力的傳播力，才能奠定品牌成功的堅實基礎。

▶ **品牌命名的親和力**

如果品牌的名稱有較好的傳播力，是不是品牌就能很好傳播出去呢？並不是這樣的。因為除去品牌名稱的傳播力因素，還涉及非常重要的品牌親和力問題。一個品牌是否具有親和力，主要取決於在為品牌命名時所用詞彙的特徵、傾向與風格等方面的因素。因此，我們在為品牌命名的時候一定要注意品牌名稱的傳播力因素，同時更要注意調動品牌的親和力因素，這樣的品牌名稱在傳播過程中才能達到最佳效果。

▶ **品牌名稱的地域性**

由於對國外語言、文化和風俗習慣不了解，某些品牌在走向國際化的過程中也鬧過笑話。當然，國際品牌在進

入不同國家和地區時，也會犯有同樣的錯誤。如世界知名的酒類品牌 Whisky，翻譯為「威士忌」，被人理解為「威嚴的紳士忌諱喝」。而 Brandy 譯成「白蘭地」，則是「潔白如雪的蘭花盛開大地」，寓意優美，誰不愛喝呢？

由於全世界各個國家、各個地區的文化、風俗和價值觀念存在很大差異，在這個國家是美好的含義，到了另一個國家可能意思完全相反。如在東方，「蝙蝠」和「福」有諧音上的關聯。可是到歐美國家，「蝙蝠」卻與「吸血鬼」有相同含義，讓人聞之寒慄。有些品牌採用漢語拼音來變通，效果也並不好。例如某家公司用「成功」的英文拼音作為附註商標，但是在外國人看來沒有任何含義。

▶ 品牌名稱的延伸性

企業在命名品牌時，也要考慮到品牌的未來發展空間。就是說，品牌的名稱要足夠遠大，即使品牌發展到更高階段，品牌的名稱也要能夠匹配和適應。尤其是走多元化道路的品牌，如果品牌的名稱和某類產品的連繫太過緊密，就可能不利於這種品牌今後的擴展，會出現品牌的名稱不適合應用到其他產品項型上的情況。所以一些準備長遠發展的企業通常會用那些並無具體意義，而又不帶有任何負面效應的品牌名稱，這樣就比較適合品牌未來的延

伸。如索尼（SONY），不論是中文名稱還是英文名稱，都沒有任何具體的含義。僅從名稱上看，誰都不會聯想到任何類型的產品。因此，這樣的品牌就可以無限擴展到任何領域，永遠不會受品牌的名稱限制而作繭自縛。

▶ **品牌名稱的暗示性**

人們可以從某些品牌的名字中看出產品的類型，如OK繃、強胃散等。再如「勁量」恰當地表達出電池持久強勁的特點；「固特異」準確地展現輪胎堅固耐用的屬性。其中的一些品牌，甚至成為同類產品的代名詞，後來者很難步其後塵。這類與產品的屬性連繫較為緊密的品牌名稱，通常實施專業化策略。如果一個品牌需要多元化的策略部署，品牌名稱就不應與產品的屬性連繫太緊，否則對其今後的發展不利。

包裝：默不作聲的推銷員

包裝可分廣義和狹義。廣義的包裝就是指表現事物的外在形式。狹義的包裝是指在商品流通過程中，為了保護產品、方便倉儲運輸和促銷，按照特定的技術、方法所採用的容器、材料和其他輔助物的整體名稱及其操作活動。

包裝有兩層含義：第一層是指設計和生產商品的容器或包裹物的整個製作過程，第二層是指商品的容器或包裹物本身。包裝是一個動態過程，商品的外表就是這一動態過程的美好結果。換句話說，包裝是商品的門面，是品牌文化形式的延伸。在現代市場行銷活動中，企業深知包裝的巨大作用和無窮魅力，把各種各樣的商品包裝得五彩繽紛，商品包裝的地位和作用也愈來愈令人矚目。世界著名的杜邦公司還總結出了杜邦定律，認為有 63% 的消費者是被商品的包裝和裝潢所吸引，才會決定進行購買。尤其是在超級市場購物的家庭主婦，經常會因為商品的包裝和裝潢特別地精美而大大超出預算，出門時打算購買十種商品，結果卻很可能會多出四、五個。商品的包裝就是商品的衣飾和顏面，是品牌無聲的推銷員。消費者會因為商品留給自己的這種「第一印象」而決定自己的購買傾向。

在企業品牌的策略中，包裝設計是品牌強而有力的行銷手段，是品牌延伸不可或缺的組成部分。良好的品牌包裝，能為消費者帶來更多方便，也能夠為企業創造更多的促銷價值，並能夠成為經銷商無言的推銷員。例如，出口的茶具品質非常好，卻由於採用廉價易損又不美觀的瓦楞紙盒做包裝，而且從包裝上很難辨別是什麼商品，給人很

低階的感覺，所以銷路一直不佳。後來有位精明的外商將產品買走後，加了個精緻的美術包裝，再繫上漂亮的緞帶，只是這樣便使商品顯得高雅華貴而銷路大開，而且身價倍增，由曾經的一套 1.7 英鎊直線提高到每套 8.99 英鎊。可見，包裝是產品最好的推銷員。

　　企業在產品包裝的設計過程中，設計者不但要考慮材料、造型、結構、色彩和圖案等多種要素；還應當對這些要素進行巧妙構思和科學利用。這樣才能使包裝在具備功能價值的同時也具備審美價值，使消費者從精美的包裝中也能充分感受到品牌的個性和其中的文化意蘊。好的包裝也是產品價值的象徵，就像產品的一面旗幟。因為高品質的包裝蘊涵著品牌的個性，能夠呈現品牌形象，同時也是品牌定位的標誌，是產品內在價值的呈現。不同種類的包裝會產生完全不同的視覺效應，揭示出不同的品牌形象與個性。生產於 1992 年的法國聖路易香水每年都會推出一款新品，著名設計師瑪麗 - 克洛德 · 拉利克（Marie-Claude Lalique）每年都創造一套漂亮的香水瓶，編上號碼並將新產品用 4 種彩色的水晶玻璃瓶分別盛裝。這些精美的瓶子包裝充分呈現了商品的美感與設計師的個性：自然、光亮、高貴而典雅。尤其女用型香水瓶給人留下的印象極深，瓶

上有美麗的花果圖案，並且附有龍涎香和香草等清新的芳香。

《韓非子‧外儲說左上》記載「買櫝還珠」的故事說，楚國商人將珍珠放在一隻精美的木盒裡，賣給一個鄭國人，鄭國人竟然只留下那只精美的盒子。這則故事本意是想諷刺鄭人捨本逐末。但是從市場行銷的角度看，就是要高度重視商品的包裝，善於利用這種「精櫝配美珠」的神奇包裝效果招攬顧客，才能達到使人「愛櫝及珠」的目的，以擴大品牌的影響力。但是現實中，企業卻常常因為產品的包裝簡陋而滯銷。好馬就要配金鞍，好商品如果沒有好的包裝，就很難在國際市場打開局面。

法國馬爹利公司從 1715 年開始專供皇室和高階大飯店宴會用白蘭地。為了保持珍品高貴的身價，公司將白蘭地 XO 酒裝在精美的水晶玻璃瓶裡，再放入印著金字的精緻禮品盒裡。還將另一種比 XO 更高檔的白蘭地酒放在像首飾盒一樣的絲絨包裝盒裡。這樣高貴的包裝和裝潢襯托了名牌商品的價值，大大提高了商品的附加價值，讓人覺得這的確是稀世美酒，從而滿足了顧客追求奢華尊榮的願望。近百年來，馬爹利公司始終保持這種傳統的包裝，堅持採用這種傳統的高階包裝策略。

創意是品牌設計的靈魂

　　「創意」一詞來自英文「Create New Meanings」，意為創出新意，也指創造出的新意或是意境。花樣翻新的創意是品牌設計中永遠都不會乾涸的生命源泉，更是品牌設計的思想內涵與靈魂。要想讓品牌設計成為一種力量，就必須賦予品牌獨特的思想和全新的、深刻的理念。好的創意充滿了靈性與美感，而且有靈魂、有力量、有生命，能夠充分表達設計者的美妙聯想，並且能讓觀眾直觀感受所要表達的思想內涵，瞬間打動觀眾，使他們產生熱情與聯想。正如著名的歐美廣告大師大衛・奧格威（David Ogilvy）所說：「如果廣告不是由偉大的創意構成，那麼它們不過是二流品而已。」還有一位美國廣告大師威廉・伯恩巴克（William Bernbach）說：「要使觀眾在一瞬間發出驚嘆，立即明白產品的優點而且永不忘記，這就是創意的真正效果。」

　　設計者需要懂得，創意在品牌設計中的作用是多麼重要。品牌設計是否具有卓越的創意，是否能夠充分而深刻地表達出品牌的設計主題，是決定設計作品成敗的關鍵所在。如果在品牌設計中主題明確，但是缺乏成功的創意，就會顯得沉悶、呆板，失去靈動的氣質，品牌設計就不可

能產生良好的視覺效果。如麥當勞的創意，用「M」作為造型結構的標誌，採用的是圓潤的金黃色弧形，就像打開了黃金雙拱門，象徵歡樂、美味與富足。簡潔、獨特而又明亮的色彩，如同「麥當勞叔叔」和藹可親的笑容，充分表達了親切友善的服務和高品質的產品，呈現了麥當勞物有所值的經營理念，讓人充分感受到設計「創意」的獨特性。

美國著名的牛仔褲 Levi's 廣告始終被企業當作品牌文化的經典高標。1970 年代，美國的一位牛仔褲商人為了進一步拓展女性牛仔褲市場，精心設計了一款非常適合女性穿著的牛仔褲，而且還進行了精心的包裝，同時推出一幅驚世駭俗的海報，整張海報上沒有一句廣告詞。畫面上是一位風姿綽約的曼妙女郎，赤裸的臀部上面只有隱約可見的牛仔褲袋的織線，口袋左上角還用黑色襯托出紅色的商標。海報上一目了然的創意，甚至不需要任何關於產品式樣及優點缺點的說明，便能使人明白穿上那條貼身舒適的牛仔褲就能展示女性嫵媚的身段。這種創意甚至比穿著牛仔褲更能貼切、傳神地表達人體之美，給消費者留下無限廣闊的想像空間，令人拍案叫絕，過目不忘地將這幅海報宣傳的商品深深地植入腦海中。可以說，創意是品牌設計的靈魂所在。

　　企業的品牌只有在傳播中才能產生出來。因而，即使品牌形象策劃得再好，也要得到消費者的普遍認同。只有透過有效傳播之後，才能成為真正的品牌。因此，必須策劃和制定品牌形象以及品牌的傳播方式，再根據品牌形象的設計要求和傳播方式進行綜合創意，最終才能夠在目標市場中成功塑造品牌形象，並得到有效的傳播。綜合創意是對品牌行銷中的細節和內容進行的設計構想，要求準確表達品牌形象的設計意圖，喚起更多目標消費者的共鳴。綜合創意能夠直接影響品牌形象的傳播效果，是品牌行銷策劃與品牌設計的靈魂所在。

品牌設計不能和品牌形象畫上等號

　　從心理學的角度來講，品牌形象是消費者面對企業產品所產生的一種心理反應，因而品牌形象是消費者主體與產品客體之間相互作用下產生的結果。從廣義上講品牌形象就是指企業品牌在市場中、社會上，以及在大眾的心目中所表現出的個性特徵，它呈現的是大眾與消費者對品牌的認知與評價。人們對品牌形象的認知，一開始基本著眼於那些能夠影響品牌形象的因素上，如品牌的屬性、名

稱、價格、包裝和聲響等。品牌形象與品牌設計之間的關係是不可分割的，形象是品牌所表現出來的特徵，反映的是品牌的實力與本質。品牌形象包括品牌的名稱、標誌、包裝、圖案、廣告設計等。

品牌形象是品牌的根基，所以企業必須重視品牌形象的塑造。品牌設計是品牌形象中的一方面因素，但是單從美學角度來評價一個品牌並不是最佳方法，因為品牌的標誌設計並不是為了參加選美。品牌的標誌設計除去審美功能之外，還應包括更多的元素。品牌的標誌代表著企業的形象系統，包含著企業的思考識別、視覺識別和行為識別三方面的內容。而品牌則是透過語言、行為和視覺來傳達品牌文化的。就是說，必須有視覺、語言和行為這些內容，才構成一個完整的品牌。品牌設計的標誌就像是一個人的簽名，品牌設計的視覺概念就像人的衣飾裝扮。品牌形象表現在行為上也像做人一樣，有著各自不同的個性。

那麼如何塑造企業的品牌形象呢？需要從以下幾方面入手：

▶ 產品品質就是品牌形象賴以生存的土壤

有人認為只要透過品牌設計、產品包裝和廣告宣傳，就可以創造出知名品牌，使產品暢銷。其實這樣的品牌往

往很快便會像流星一樣隕落。一些企業明知品質禁不起考驗的品牌不會長久，卻還是被眼前的巨大利益所誘惑。就像著名的三鹿奶粉的三聚氰胺事件就是一個很好例子。三鹿集團的奶粉曾連續 15 年保持中國銷量第一，市場占有率達 18％。2008 年因其嬰幼兒配方奶粉出現品質問題 —— 三聚氰胺超標，致使多名食用該配方奶粉的嬰幼兒患尿路結石的重大食品安全事故，三鹿集團及其三鹿品牌就在一夜之間轟然倒塌，幾萬人的企業瞬間土崩瓦解。因此要保持良好的品牌形象，就要擁有品質極佳的產品作保證。因為產品是品牌的基礎，而品牌則是產品的精神。如果把產品比喻成人的軀體，那麼品牌就如同人的靈魂。一個沒有靈魂的軀體與行屍走肉有什麼區別？反之如果沒有軀體，靈魂也就無從依託。企業要想打造優秀的品牌，必須擁有禁得起考驗的產品品質。如果品牌過於依賴廣告和各種促銷手段，卻沒有好的產品支持，怎麼可能擁有良好的口碑與忠實的顧客？要想打造品牌，首先要保證產品品質達到上市標準。產品品質就是品牌的生命，如果產品品質禁得起考驗且具有獨特的差異性，這對於品牌的塑造大有助益。

▶ 確立品牌形象的使命

　　一個品牌存在的意義如何？這個品牌可以為社會創造什麼價值？如果一個品牌能夠為社會創造財富，那麼這個品牌即使不做廣告，也會被消費者所傳頌和銘記。如很多製藥企業都把品牌的使命設定成為患者解除病痛。而微軟則把品牌的使命定成為世界每臺電腦都提供操作系統，並因此而改變人們的生活方式。而迪士尼賦予品牌為人類創造歡樂的使命。就是在這種使命感的支撐下，即使歷經幾十年的社會變遷，在很多同業紛紛倒下的情況下，這些品牌依然在蓬勃地發展壯大。品牌只有為社會所需要，才能長久地生存。當提起沃爾瑪時，人們便會聯想到便宜、省錢，而這就是沃爾瑪品牌的使命。這種使命感讓曾經僅有二十幾平方公尺的小雜貨店，變成全球連鎖店已經超過3,000家，年銷售額達到幾百億的零售業巨人。品牌的使命並不是一句口號，而是設定了符合品牌形象的品牌特點。

▶ 設計好的品牌形象故事

　　精心設計一個令人感興趣的品牌故事，可以大大增強顧客對品牌形象的好感與良好的印象。在品牌文化中，品牌故事是其中最為感性的部分，愈有趣、愈感人的品牌故事，便愈能夠讓顧客產生深刻的記憶。品牌故事必須表達

積極向上的內涵，而且要與產品建立一種正面的高度關聯性，並且可以圓滿地完成與顧客的思想連接。還要盡量避免涉及種族、宗教和政治文化的衝突，另外故事內容要比較容易理解，讓人更容易記住。

依雲（evian）礦泉水每瓶售價幾十元，就是因為品牌故事特別吸引人，又與產品建立了極高的正面關聯性。依雲水的源頭是雄偉的阿爾卑斯山，來自高山融雪和山地雨水，在阿爾卑斯山脈的腹地經過 15 年漫長的天然過濾和冰川砂層的礦化，才形成了依雲水。曾經有一位法國貴族不幸患上腎結石。有一天，他在依雲小鎮散步時感到口渴，就在當地取了一些水，喝後感覺很好，就堅持飲用了一段時間。後來他驚奇地發現，自己的病已經奇蹟般地痊癒了。奇聞迅速傳開，經專家們分析研究，證明依雲水有特殊的療效，醫生便將它列入藥方，人們也紛紛湧到依雲小鎮親自體驗神奇的依雲水。拿破崙三世及其皇后對依雲礦泉水更是情有獨鍾，1864 年正式為該地賜名依雲鎮，依雲礦泉水隨之走向全世界。

▶ **設計一個容易記憶的品牌標誌**

品牌標誌能使品牌形成視覺化傳達，好的標誌能讓人過目不忘，留下美好的印象。好的品牌標誌需要系統化，

進行整體的 CI 識別系統設計，從思想到行為再到視覺表現，都要有相互的連帶關係。而品牌形象設計中的吉祥物卡通形象，對拉近品牌與顧客之間的距離非常有幫助，會大大加深美好的印象。如果當看到某個標誌就能想到它所代表的產品，那麼這個品牌就是成功的。如果品牌識別標誌設計優良，就能夠大大增加品牌形象的親和力，迅速提高消費者的認同感。如果設計不當，就不容易記憶，甚至讓人產生排斥的心理。如某一品牌的香腸，其標誌是一隻蜜蜂圖案，由於設計粗糙，不仔細看便很像一隻蒼蠅落在了香腸上。顧客一旦產生這種聯想，自然會失去購買的興趣。

▶ 讓品牌形象成為品項代表，這將會對品牌的建立與發展有很大的幫助

在康師傅泡麵最熱銷的時期，人們在買泡麵的時候，常常不是說來碗泡麵，而是來碗康師傅。這時，康師傅就成了泡麵品項的代名詞。一個品牌發展到這種地步，甚至可以完全代表一個品項，當人們想要購買該類商品時，第一個想到的自然就是這一品牌，這種品牌形象對促進產品銷售無疑是極有幫助的。但是也並不是只有成為知名品牌或行業龍頭之後，才能像康師傅一樣，做到具有品項代表

的意義。其實只要努力去實踐品項的代表，就能很容易發展成為知名品牌或行業的領導者。很多企業乾脆採用「第一」或「專家」等傳播策略，讓消費者直接認定其品牌是品項中的專家或是第一，久而久之，這一品牌就會真正成為第一或是專家，進而成為該品項的代名詞或是領導者。如「牙齒保護專家」、「製冷專家」、「第一家採用無菌處理技術」、「唯一知名商標」等，都採用這種讓品牌形象先入為主的方式，在消費者的頭腦中先聲奪人，留下某一品項的代表形象。因此，要設計一個能夠代表某一品項的定位，然後持續傳播，那麼總有一天會成為該品項的品牌形象之代表。

▶ 要為品牌形象提煉膾炙人口的廣告文案

　　成功的品牌文案具備三點要素：一是品牌文案要與產品的功能和特點以及感性層面保持一致。這樣就可以給消費者留下一貫性的印象，並且能夠鞏固和加深消費大眾的認同程度。二是廣告文案要採用有特色而且容易記憶又琅琅上口的語言。因為沒人會主動去記憶廣告內容，只有好讀好記、生動有趣或是打動心坎的廣告文案才可能被消費者在無意間捕捉到而被記住。三是堅持傳播。成功的品牌文案就像成語，消費者在聽到後立刻便能想到背後所包含

的意義。只要堅持廣泛地傳播，就能做到這種程度。當某個品牌的廣告文案成為一種流行語言，就會常常被大家引用。能夠在消費者中自行傳播，為企業省下了大筆的廣告費。

▶ 要塑造讓人心情愉悅的品牌形象接觸點

　　一個品牌形象能與消費者發生接觸的環節，就是所謂的品牌形象接觸點。要找出品牌形象所有的接觸點，並對其逐一進行最佳化，就能夠給消費者留下一個美好的印象和回憶，這樣不斷地累積人氣，便可使品牌逐漸走向成功。反之，以不良的品牌形象與消費者接觸就會產生不好的印象，久而久之就會斷送一個品牌。例如，一家食品企業的貨車總是不乾淨非常骯髒，這樣帶有企業標誌的貨車長年不斷地行駛在路上，被消費者看到後，很難不會聯想到這家企業所生產的食品衛生未達標，從而就會在心目中留下深刻的負面印象。這些問題雖然很小，並且常常被企業所忽略，卻很可能會對品牌形象帶來巨大的負面影響。

　　在樹立品牌形象方面，甚至連宣傳單的設計和列印這些更為細小的品牌形象接觸點，也不要粗心大意。曾經有一家知名的印表機品牌就犯過類似的錯誤，一批產品的宣傳單彩印套色出現問題，導致畫面重影，非常模糊，造成

畫面的印刷品質低劣。當消費者拿到這樣的宣傳單時，即使上面描述得再怎麼天花亂墜，消費者看了之後也再難產生購買的欲望。雖然這些宣傳單並不是這個品牌的印表機列印出來的，實際上與產品的品質並無關係，但是人的大腦會產生關聯性聯想，從而使消費者產生一種負面的品牌印象。也許這些宣傳單並不是從企業的總部發下來的，也可能是經銷商自己動手製作的，但是無論什麼原因，都已經對品牌形象產生了無法挽回的負面影響。所以，只有不放鬆對待任何一個品牌接觸點的塑造，才能打造出消費者真正喜愛的品牌形象。就像麥當勞速食、星巴克咖啡店、迪士尼樂園等優秀的企業，都十分關注在意這些品牌接觸點的精心塑造。因此，這些品牌形象很有親和力，都具有很高的品牌知名度。

案例解析 1：Nike 的崛起

　　勝利女神耐吉（Nike），也被翻譯成尼姬或是尼克。她的羅馬名字叫 Victoria（維多利亞），是泰坦神帕拉斯（Pallas）和史提克絲（Styx）的女兒，也是克拉托斯（力量）、比亞（暴力）和澤洛斯（熱情）的姊妹。耐吉的身材非常健

美，擁有驚人的速度，背上還長著一對翅膀，就像剛剛從天上飛落，單臂披掛的衣袂飄然，豐滿健碩。她還是宙斯和雅典娜的從神，傳說中她協助宙斯戰勝泰坦巨人，所到之處勝利緊隨。她不僅象徵著戰爭的勝利，也代表古希臘日常生活中的許多領域，尤其是在體育競技領域中，代表成功。因此耐吉也被認為是帶來好運的神祇。古希臘的雕塑家將她塑造得很嬌小，棲停於某個神的手臂，或是從某神的衣裳中探出，有時會像仙女一樣高飛。

NIKE 這個名字，在西方人看來很是吉利，而且好讀好記、琅琅上口。耐吉公司的商標圖案是個小鉤子，造型簡潔有力、富有急如閃電的動感，很容易便讓人聯想到強大的爆發力和超人的速度。設計的靈感就是來自勝利女神那飛揚的、長滿了羽毛的翅膀，既能代表競技與速度，又是動感與輕柔的表徵。一個好的設計標誌不僅是企業的視覺化形象，那些神話故事和聯想，也可以傳達情感、吸引受眾，甚至引領消費者的購買行為。與顧客共享同一個精彩的故事背後，隱藏著耐吉公司世界著名的旋風標誌，這就是耐吉品牌所要達到的目的。

田徑教練（William Bowerman）和運動員菲爾・奈特（Philip Knight）一起，於 1962 年從藍帶體育用品公司接手

在美國銷售日本鬼塚虎運動鞋的代理權。不久，以希臘勝利女神命名的耐吉公司宣告成立，並在 1972 年美國奧運的選拔賽上初次登臺。接著一位名叫卡洛琳‧戴維森（Carolyn Davidson）的學生為耐吉公司設計了耐吉標誌，為此她獲得了 35 美元的報酬。可是誰又能想到，就是這樣一個名不見經傳的小公司 —— 耐吉，竟在僅僅 20 多年的時間裡便成為世界運動與健康產品的領導者。耐吉竟然超越了愛迪達（Adidas）、銳步（Reebok）、彪馬（PUMA）等許多著名品牌，迅速雄踞在全球體育用品行業的至高處。

耐吉的成功就像希臘勝利女神 —— NIKE，代表著速度、動感和輕柔。耐吉的彎鉤標誌簡潔而明確，意思是要不斷超越，既要超越競爭對手，更要超越自我。愛迪達一直是體育用品領域的王牌之師。為了超越愛迪達，以籃球鞋起家的耐吉就從美國人最熱衷的籃球運動項目入手，籌劃成為籃球鞋的代表品牌，全面占有美國市場。創始人菲爾‧奈特展現過人的行銷才能，他一手將以 1,000 美元進行仿造起家的耐吉，不但變成了美國文化的符號，也變成了體育行銷的代名詞。

總是酷酷地戴著墨鏡的奈特目光敏銳，早在 NBA 傳奇球星麥可‧喬丹（Michael Jordan）鮮為人知的時候，就

頗有遠見地選擇他作為代言人，傾力為麥可・喬丹量身訂製了 Air Jordan 系列籃球鞋。當喬丹在籃球場上一飛沖天，耐吉的「飛人鞋」品牌也頓時家喻戶曉。耐吉成功地把握了明星球員的號召力，與喬丹的合作可謂珠聯璧合，使喬丹鞋成為世界體育發展史上的經典產品。從此，耐吉在籃球鞋市場上確立了無可替代的地位。

耐吉之所以能夠脫穎而出，也依賴於不斷創新與研究。首次以「耐吉」命名的運動鞋在鞋底上布滿方形的凸粒，增強了運動鞋的穩定性。鞋身的兩旁，還有象徵女神翅膀的彎勾標誌。耐吉的另一位創始人、田徑教練比爾・包爾曼受到鬆餅模型的啟迪，研發出一種跑步鞋，採用丙烷橡膠為材料，鞋底設計出很多個小橡膠圓釘。由於這種鞋底增加了運動時的彈力，所以一上市就廣受好評，從此為耐吉事業奠定了發展基礎，使耐吉的銷售額從 200 萬美元迅速上升到 1,400 萬美元。

緊接著，第一款運用耐吉專利氣墊的 Tailwind 跑步鞋誕生和第一款將氣體注入運動鞋底增加彈性的氣墊籃球鞋 Air Force 問世。這一創新給體育界帶來一場革命，使耐吉一躍成為產品創新的代言人。由耐吉首創的氣墊鞋技術，可以減少對膝蓋的衝擊與磨損，保護好運動員的腳踝與膝

蓋，以防在劇烈運動時扭傷，因此一經推出便廣受歡迎。耐吉又繼續發明了 Air Max 180 可視氣墊。

耐吉以氣墊鞋為基礎，拉開了創新之路的序幕。其實航太工程師法蘭克‧魯迪（Frank Rudy）最早是把氣體避震的構想交給愛迪達的，愛迪達卻因沒有重視而錯失良機。耐吉公司精心研究和開發後一招制勝，奪得製鞋業的領先地位。緊接著，耐吉憑藉高效能跑鞋，一舉占領西歐市場，進而以聯營的方式打入日本市場，全球攻勢連連告捷。但是耐吉並沒有停步，而是在完成了從籃球市場到美國品牌的定位後，把目光投向愛迪達傳統的足球項目。開始併購匡威（Converse）開疆拓土，在高品質高品味的基礎上，進一步占領了中低階市場，形成了覆蓋所有領域的體育用品品牌，以全面多樣的產品，無可爭辯地成為新霸主。耐吉的創業歷程，在美國作家朱莉‧B‧斯特拉瑟（J.B. Strasser）和羅利‧貝克倫（Laurie Becklund）合著的書中進行了詳實生動的記載。

耐吉在市場觀察分析中，不斷強化青春、活力、自我和叛逆的品牌氣質，在不斷自我超越中，成就耐吉特有的品牌風格。這種品牌文化在不斷豐富和引領人們積極進取，這種努力也強化和發展了耐吉的品牌文化。強大的明

星造勢和精準的技術創新，成為耐吉超越愛迪達的路徑，全球營業額遙遙領先，甚至達到愛迪達公司的兩倍多。耐吉的成功之道，重點就在於一流的品牌形象設計 —— 正是勝利女神的形象，才使耐吉這個後起之秀不斷超越夢想。

案例解析 2：缺了一塊的蘋果

在西方的神話傳說中，蘋果是智慧的象徵，是一種智慧之果。伊甸園中的夏娃也是聽了蛇的話，和亞當一起吃了智慧樹上的蘋果才變得有思想、有智慧。而牛頓的萬有引力定律也是在蘋果樹下受蘋果的啟發而誕生的。蘋果公司之所以選用咬了一口的蘋果作為電腦品牌標誌，靈感便來之於此，就是要表達這種有思想、有智慧，勇於向未知領域探索的品牌理念。但是在決定採用「蘋果」這個名字時，創始人也注意到以一種水果名稱作品牌，並不遵守習俗規律，而且視覺符號只是被咬過的蘋果，似乎也沒什麼重要含義。然而就是這樣的選擇，使公司實現了拒絕將電腦神化的價值觀。因為這只被咬過的蘋果，恰恰使人機關係變得自然而調和起來。人們從它誕生那天起，就變得不再崇拜或是恐懼電腦，而是將電腦作為一種娛樂的工具。

一個新的品牌名稱就這樣確立起來。

對於為什麼使用被咬的蘋果，還有一種說法是為紀念電腦科學之父艾倫・圖靈（Alan Turing）。他曾寫過〈機器會思考嗎？〉（*Can a Machine Think?*）的論文，提出如何試驗和判定機器是否具有智慧，這就是圖靈測驗。還有著名的圖靈機模型，也為現代電腦的發展奠定了基礎。但是非常不幸，圖靈遭到迫害，斷送了職業生涯。1954 年，不堪忍受侮辱的圖靈咬了一口浸過氰化溶液的蘋果後離開人世，為了紀念這位英年早逝享年僅 42 歲的圖靈，美國電腦協會於 1966 年專門設立「圖靈獎」，成為電腦研究領域的最高獎項。後來加州的年輕人賈伯斯開了一家公司，為了紀念圖靈，公司使用的標誌就是「圖靈咬過一口的蘋果」。而這家公司，就是後來舉世聞名的蘋果公司。

無論是哪種說法都圍繞著一顆神祕的蘋果，這就是電腦與蘋果的不解之緣，也就是蘋果公司推出 Apple II，使用著名的蘋果標誌的理由。的確，充滿浪漫色彩的蘋果，洋溢著人性、人文的溫暖，瞬間拉近了人與電腦之間的距離。早期的蘋果標誌製作的是一個黑白蘋果剪影，後來才變為彩色的蘋果標誌。為了不使蘋果看起來像番茄，設計者簡化了蘋果的形狀，並且在一側設計出被咬了的缺口。

想要知道蘋果的滋味，就要親口嚐一嚐。每當人們見到蘋果標誌，都忍不住要問：蘋果為什麼被咬了一口？或許這就是當初設計蘋果標誌的人希望達到的效果吧？鮮豔的色彩使人充滿了活力與朝氣，「咬」掉一個缺口，更是喚起人們內心的好奇。

其實在此之前，蘋果公司最早的標誌並不是一顆被咬的彩色蘋果，而是牛頓坐在蘋果樹下讀書的圖案，上下兩端還有設計緞帶，寫著 Apple Computer Co. 的字樣，外框上是英國詩人威廉・華茲渥斯（William Wordsworth）的詩句：

Newton……A Mind Forever（牛頓……一個靈魂）
Voyaging Through Strange（永遠航行在陌生的）
Seas of Thought……Alone（思想的海洋中……孤獨地）

蘋果樹上掉下一顆蘋果砸在牛頓的腦袋上，使牛頓發現萬有引力定律。可是這個牛頓標誌過於複雜，只採用了很短的時間便被替換了。

在英語中，「咬」這個詞是 bite，與電腦的基本運算單位字節 —— Byte 發音相同。一顆被咬掉一口的色彩柔和的蘋果，所表現的含義很明顯，給人以「你能夠擁有自己的電腦」的親切感。因為被咬了一口的蘋果的價值觀就

是拒絕將電腦神化，將它視為一種娛樂、一種使用工具。就這樣，一種新的電腦標準被建立。咬了一口的蘋果就像斷臂的維納斯，給人廣闊的想像空間，產生無窮無盡的美感。完美不等於美，太整齊完好反而會顯得呆板，稍有殘缺才會給人以自然、生動的感覺，為這古板生硬之物平添生機。這是藝術創造與審美活動的「虛實相生」，也是一種缺陷美。

　　早期穿梭於美國各個城市、鄉鎮演出的爵士樂手，喜歡把這些城鎮描繪成樹上的一顆又一顆蘋果。因為在紐約賺到的錢最多，他們最喜歡紐約，並把紐約稱為大蘋果。於是有個歌手唱道：成功樹上的蘋果何其多，如果挑中了紐約，你就挑到最大的蘋果！隨後紐約流行起一種舞蹈，被稱為「大蘋果」。等到市政開始發展旅遊業，就把大蘋果當作了紐約的代表。儘管並不盛產蘋果，但是紐約街頭隨處可見的街景就是用各種材料製成的大蘋果。於是充滿樂趣的蘋果電腦迅速成為崇尚個性的消費者的首選。俏皮靈動的蘋果標誌就與英特爾組合下一本正經的 PC 陣營形成了鮮明的對比。而使用者卻透過這個蘋果標誌，尋找和印證與自己同樣的價值觀，與蘋果形成了密切的連繫。

　　蘋果公司的品牌標誌是全世界公認的傑出設計之一。

作為世界傑出的品牌，蘋果公司在電腦、個人數位領域都處在世界領先地位。蘋果產品以開創性的創新理念、出色的產品設計、優秀的用戶體驗，獲得了全球數億用戶的喜愛。2003 年，蘋果公司將原有的彩色蘋果標誌更換成半透明的、泛著金屬光澤的銀灰色標誌。新的標誌顯得更立體、更時尚也更酷，襯托蘋果旗下兩個具有重要影響力的產品 iTunes。兩年後的蘋果 iPad 發布會上，人們又看到彩色的蘋果標誌。蘋果標誌在設計上回歸彩色，有著千變萬化感覺的漸變彩色暈染，使標誌更加富有藝術感染力。既是向前任蘋果 CEO 賈伯斯致敬，也代表新一代 iPad 更為驚豔的高分辨率視網膜螢幕，預示蘋果未來的發展方向。

蘋果標誌的每一次變化，核心都是產品的變革。蘋果並不放棄簡約主義，而是品牌的核心價值在發生改變。因此蘋果的新標誌也許表示下一步的發展核心將是 The New iPad 的視網膜顯示技術。下面簡單回顧一下蘋果標誌的演變過程：

1976 年，蘋果的第一個標誌是由 Ron Wayne 用鋼筆創作的，設計靈感來自牛頓在蘋果樹下進行思考，進而發現萬有引力定律。蘋果也想要像牛頓那樣，致力於科技創新。

1977 年，史蒂夫・賈伯斯（Steve Jobs）打算發布其 Apple II 新產品，卻發現原有的標誌過於複雜，很難應用在新產品上。因 Apple II 採用的是彩色螢幕和全新塑膠外殼材質，需要一個能夠應用的、風格簡單獨特的品牌標誌以便於消費者記憶，提高品牌的辨認度，於是找到 Regis McKenna 廣告設計公司，請他們為 Apple II 重新設計一個產品標誌。Mokenna 廣告設計公司為蘋果公司設計了全新的標誌 —— 被咬掉一口的彩色條紋蘋果，彩色蘋果的標誌就這樣誕生了，它充滿了人性化與親和力。

1997 至 1998 年，史蒂夫・賈伯斯重返後重整公司，將品牌定位為簡單、整潔、明確。新產品 iMac、G4 Cube 應用全新半透明塑膠質感的新標誌，使標誌顯得更立體、更時尚。為了配合新產品的質感，黑色蘋果標誌幾乎同時出現在包裝、商品和需要反白的對比色上。蘋果的單色標誌最能呈現史蒂夫・賈伯斯的品牌定位。

2001 年，蘋果標誌變為透明質感，主要是為了配合首次推出市場的 Mac OS X 系統。這次蘋果的品牌核心價值已經從電腦轉變為電腦系統，所以蘋果標誌也跟隨系統的界面風格發生變化。

2007 年，蘋果推出 iPhone 手機，同時將公司名正式

從蘋果電腦公司改為蘋果公司。蘋果標誌採用玻璃質感，
這是為了配合 iPhone 創新引入 Multi-touch 觸控螢幕技術，
帶來全新的用戶體驗。

第五章

仿冒品是品牌永遠的敵人

　　品質是品牌的生命之根。成功的商業品牌，都有堅不可摧的品質做後盾。品質的好壞決定著品牌的生存和發展。良好的品質和禁得起考驗的產品是品牌常勝不衰的原因。

品質：品牌的生命根基

　　「工廠把發霉的火腿切碎填入香腸；工人們在肉堆上走來走去並隨地吐痰；毒死的老鼠被摻進絞肉機；洗過手的水被配製成調料⋯⋯」這是在一百多年前的美國白宮，總統羅斯福正在享受他美味的早餐時忽然在小說上讀到這段令人作嘔的描述。據說激動不已的羅斯福一躍而起，狂吐起來，隨即把盤中剩下的半截香腸用力拋出窗去。美國人從此意識到品質管理多麼重要。全球知名品牌美國嬌生的美林、泰諾等藥品一度陷入品質問題，這是全世界嬰幼兒都在普遍使用的藥品。美國嬌生嚴查原因，終於在該公司賓州的一家藥廠裡發現了大量的灰塵和受到汙染的成分，這就是導致藥物品質不符合標準的原因。嬌生公司認為該廠產品品質無法完全達標，因而將銷往 12 個國家和地區的 40 多種非處方嬰幼兒用感冒退燒藥回收，包括泰諾、美林、抗過敏藥仙特明及可他敏等。

　　如今企業的發展已經由「數量經濟」走入「品質經濟」，而所謂的「品質世紀」也並非虛構。在這種形勢下，迫切需要企業樹立正確的觀念和適宜的方法，以卓有成效的行動確保企業品牌的品質。企業管理無處不在，關鍵是要保證管理的品質。實際上，產品的品質問題並不在於問題本身，而在於做事者的思想和態度。要想解決品質問題，首先就要解決對人的管理。也許每個人都能夠認知到產品品質對企業的重要性，但是真正能把產品品質作為企業長期策略目標的人卻並不多。很多企業家由於受眼前短期利益所驅使而以次級品充良品，無法保證產品品質長期穩定的可靠性，企業就承受不住時間的考驗，往往興盛幾年後便走向衰敗甚至滅亡。大多數的管理者都在面臨同樣的「品質問題」，每個人都必須思考如何提升自己的工作品質、組織管理品質乃至個人修養和家庭生活的品質。因為品質不僅是企業品牌的生命之根，也是每個人生命品質的呈現。

　　品質是品牌的生命之根，而品牌的品質並不由評出的「金牌」、「銀獎」決定，而是顧客用他們心中的信任和口袋裡的鈔票經年累月塑造出來的。優良的品牌品質就是企業品牌贏得顧客忠誠度取之不盡的源泉。品牌品質既包括品

牌本身的品質，也包括品牌呈現出來的品質。品牌所呈現出來的品質，就是指顧客消費品牌產品的感受或體驗。今天的社會發展使品質成為焦點和目標，成為衡量和鑑定一切事物的總標準。然而有些企業的產品品質低劣，企業品牌品質的好壞反映這個企業全體員工的素養，也決定這個企業生存的命脈。而一個國家產品和品牌品質的好壞則間接反映全民族素養。

一家企業如果沒有品質作保證，那麼一切都等於負數。不但生產等於負數、行銷等於負數，就連廣告與品牌都等於負數！如果企業的聲譽等於負數，那麼員工的收入也只能是負數了。在這個生產流程中，哪怕一道工序的控制標準不到位，整條生產線的出品都會出問題。不僅浪費原料、包裝與設備，同時也將浪費人力和機遇，這種生產就是負成長。問題產品一旦溜出工廠、流入市場，接踵而至的就是顧客索賠、商家退貨和輿論的抨擊，這種行銷就是負效應。品牌樹立不起來，廣告費也隨之打了水漂。所以與其評名牌不如爭民心，拿獎杯不如創口碑。所謂「金杯、銀杯，不如消費者的口碑；金獎、銀獎，不如消費者的誇獎」。同樣的付出，優質產品能夠換回「一本萬利」，劣質產品卻只能換回各種麻煩。如果沒有品質就不如不

做，因為品質就是企業的競爭力。

1982 年 10 月，美國總統雷根簽署一項文件，指出美國產品品質下降，產品在國際市場上缺乏競爭力。美國政府在 1983 年 9 月白宮專門召開了生產力會議，呼籲在中國公立和私營部門開展品質意識運動。由於美國政府大力推行品質管理，很快便使遭受日本「品質戰」打擊的經濟從低落狀態快速發展起來。市場競爭實質上就是品質競爭，品質成了當代追求和競爭的焦點。正如美國品質管理協會主席哈林頓這樣寫道：世界上進行著一場第三次世界大戰，這不是使用槍炮的流血戰爭而是一場商業戰。這場戰爭的主要武器就是品質。誰的品質好，誰就能贏得這場戰爭。

先有品質，才有名聲

品質造就品牌。品質就是企業的生命，品牌品質的好壞，直接影響著企業未來的發展，關係著企業的成敗興衰。所以，企業要想打造出屬於自己的響噹噹的品牌，就必須提高企業產品的品質。只有用品質打造屬於企業自己的品牌，才會加大企業的信譽。企業的信譽增強了，那麼企業品牌也就自然而然地樹立了起來。但是要想把企業的

品牌進一步做大做強，就必須時刻把企業產品的品質放在第一位，使品質始終保持優良的穩定狀態，這樣才會形成一種長期持久的品牌效應。企業要不懈地追求品質，這應該是所有企業的發展目標。但是，實際上由於受各種因素的影響，追求品質往往成為一些企業的空頭支票。

品牌品質（Brand Quality）指的是品牌產品的可靠性、耐久性、精確度、易操作性和是否便於修理等方面的價值屬性，應從顧客感受的角度來進行評價。品質優勢的產品品質才是品牌的生命力，而品質低劣的品牌必然會使企業走向衰敗。要先有品質，然後才會有牌子。名牌之所以能夠成為名牌，就是因為能夠在消費者的心目中廣為傳播，是品質可靠、信譽高、得到消費者公認的好品牌。一個名牌形成後，甚至能夠脫離它的優質產品實體而擁有自己獨立的價值。品牌產品要品質優良才能使品牌贏得顧客忠誠度。企業就是把這些制約力和影響力轉換成提高品牌品質的動力。只有品質上去了，品牌才會有信譽。

品牌品質意識的內涵包括以下幾方面的因素：

▶ 品牌品質的驅動因素

企業應該認知到，品牌的品質並非不可觸摸，它實際上是受多種驅動因素的制約和影響，如品牌文化、企業理

念、技術設備、人力資源、組織管理、營運服務、顧客需求以及原材料等多種方面，都在不同程度上影響著品牌的品質與品質。而企業要做的就是把這些制約和影響，透過現代化的管理手段轉換成提高品牌品質的驅動力。

▶ 品牌品質的策略觀念

企業品牌的品質策略指的是企業品牌品質的發展方向、目標管理和實施途徑的總稱。品質策略的根本意義，是為了企業品牌的營運實施品牌策略提供重要的基本動力和保護機制。正是高品質、高品質的產品，才能促使原本非品牌產品逐漸成長為品牌產品，並且使小品牌成長為大品牌，弱勢品牌發展為知名優質品牌。反過來，如果無視產品的品質，那麼大品牌就會變成小品牌，強勢品牌就會衰敗成薄弱品牌，甚至不再產生任何品牌效應。所以品牌的品質是企業資本營運和資本擴張的最強大的武器。

▶ 鑄就高品質品牌的管理理念

企業在品牌品質管理中，首先要確定企業品牌品質建立的方針、目標和責任，建立「全過程、全方位、全要素」的品質體系，並要逐一實施全部管理職能的所有活動，建立在全員參與的基礎上實現「全面品質管理」。一定要確實

貫徹落實好企業鑄就高品質品牌的品質管理理念，這是企業品質管理策略的實踐，也是企業提高品牌品質的基礎和保證。

▶ 品牌品質的創新意識

任何品牌的品質，都會在不斷發展變化的動態中保持平衡。隨著企業行銷環境的不斷發展與變化，也需要不斷地改進和創新。品質的創新實際上就是管理的創新、工藝的創新、技術的創新、組織結構的創新以及材料的創新等所有創新的結晶。如果說品質是品牌的生命，那麼創新就是品質的生命。品牌的品質唯有不斷地創新，才能長期保持持續的競爭力。

▶ 品牌品質的凝聚力

品質是品牌的靈魂，也是企業的靈魂。因為品質是形成企業凝聚力的核心力量。一家企業要想在生存中求發展，就必須使企業形成一種強大的向心凝聚力。這種凝聚力是由多種因素組成的，企業需要從人力與物力、有形資源和無形資源、管理者的智慧與員工的積極性、企業的團隊精神等方面入手，緊緊圍繞著創造高品質品牌這個核心開展並進行各項活動。高品質的追求能夠積聚企業優秀文

化的精華，以及團結全體員工努力拚搏、風雨同舟、協調一致地奮鬥。

▶ 品質是資本營運的基礎

品牌品質是企業進一步開拓市場的法寶，而且品牌品質還是企業的效益之源。從根本上說，品牌的品質就是企業發展壯大和成長的基石。企業需要高品質的品牌來確保資本營運的良性循環，從而漸進發展企業內部的資本積聚。同時，企業更需要依靠品牌的品質作為企業資本營運的軸心，進而兼併、改組、改造和置換其他企業資本和外部資本。

▶ 品牌品質的決策

品牌的品質水準一般分為低品質、一般品質、高品質、優質。一般來說，企業的贏利能力和投資的收益率，也會隨著品牌品質的提高而相應提高，但是並不會呈直線上升的趨勢。因為優質產品往往只會使投資收益率得到少量的提高。而低品質品牌卻會使企業的投資收益率大大降低甚至出現負成長。因此，企業必須提供高品質的品牌。當企業為品牌品質的水準進行定位後，還要管理和維持這種品牌的品質水準，要不斷地提高品牌品質，這樣才能提高企業的收益和市場占有率，保持品牌品質的穩定發展。

如果定位太高投資過大而受益很少，那麼就要考慮逐步降低品牌品質，以維持企業的長遠發展。

品牌防偽

品牌是一項十分重要的無形資產。為使品牌的無形資產不受侵犯，企業領導者必須對自己公司的品牌實施有效的保護策略。

S 牌食品是某食品集團公司生產經營的系列食品。其主要品項是鍋巴，占其總銷售額的 60%。鍋巴是一種以大米為原料的小點心。在市場上風行一時，在消費者中享有很高的聲譽。

1992 年，該公司李姓負責人陷入了困惑。他堅持打擊山寨，但成效不佳，何況一個本地企業，如何對抗浩浩蕩蕩的仿冒大軍呢？雖有一腔怨氣，公司的行動也只得不了了之。出現這種情況完全是由於 S 牌食品對品牌保護不力造成的，所以當防偽技術在當地推廣的時候，李姓負責人毫不猶豫地率先採用了這一技術。但是這並無法成為 S 牌鍋巴的保護神。由於鍋巴產品本身的易複製性以及在口味上無太大差別，人們在選擇鍋巴時，對品牌的忠誠度並

不顯著。而該食品集團公司推出欲占領低階市場的散裝鍋巴，更使得家庭手作式的鍋巴產品有了從各地湧入鍋巴市場的可乘之機。與此同時，產品過量生產、劣質鍋巴的湧入，迫使 S 牌鍋巴陷入價格大戰，結果是不僅失去了原有商業網路，其市場地位也受到很大衝擊。

一段低落的時期過後，食品公司經過對失敗原因的冷靜分析，決定收復失地。方式還是側重於加強品牌的形象。雖然 S 牌食品在包裝設計上做了很多改進，從根本上消除了仿冒品存在的隱憂，而且在產品品種方面也增加了 7 個系列，但 S 牌鍋巴的表現並未出現太大的轉機，直到現在也成績平平。

S 牌鍋巴有喜也有悲，有成功也有失敗。從品牌建立角度來講，S 牌鍋巴的成功在於準確的品牌定位和品牌宣傳。而 S 牌鍋巴的失敗，一方面在於沒有做好品牌維護，讓山寨品有機可乘，破壞了 S 牌鍋巴的品牌形象和銷售網路，使企業的利益直接受到損害；另一方面，作為食品企業，S 牌鍋巴沒有最重要的生存要點，即更高的技術含量和不可複製的專屬特性，也就是說 S 牌鍋巴無法像可口可樂那樣擁有自己獨特的配方，因此當競爭者來臨時無法保持自己的特性。

第五章 仿冒品是品牌永遠的敵人

第六章

品牌創新：保持競爭力

　　品牌創新是企業可持續發展的必然選擇。品牌競爭的時代，企業由原來的以產品經營為核心逐漸上升到以品牌經營為核心。企業的品牌經營必須創新，只有品牌創新才能滿足消費者新的需求，使消費者對品牌產生最新的價值認同。

品牌的活力來源

　　在國際經濟發展速度放緩、貨幣升值、勞動力及原物料的成本持續上漲、貨幣政策緊縮等多重因素疊加的背景影響下，調控重壓的經濟形勢，使中小型企業的生存陷入了艱難的困境。「中型企業苦苦支撐」、「小型企業大量倒閉」、「出口訂單銳減」等的呼聲也不絕於耳，此類報導屢見報端，中小型企業正處在前所未有的境遇。面臨著這樣的問題，企業應如何突圍生存，未來的出路究竟在何方？這是擺在每一個企業家面前的難題，沒有任何人可以迴避。在美國企業界流行著一句話叫做「不創新就死亡」，這話說得一點兒都不假。為什麼要創新？因為只有創新才是企業品牌的活力源泉。

　　企業的發展就像我們上學一樣，從幼兒園剛起步開

始，一直到讀小學中學時期，都是在模仿學習。一家企業在剛剛創建初期需要引進合作，在模仿中消化吸收，逐步提高工藝水準，不斷更新設備技術，靠的就是模仿。孩子上大學後再靠死記硬背、生搬硬套，就不可能學出好成績。企業也是一樣，需要的是創新和發展，因為別人的核心技術是不可能買到的。換句話說，企業在相當於大學的這個時期裡，對學業的要求也就更高了，再想以「依樣畫葫蘆」的方式進行生產，便不可能繼續適應企業發展的要求了。隨著國際和國內市場競爭的日趨激烈，過去那種以單純加工型為主體的企業的成長空間也愈來愈小。因此，企業的「學」只能是愈上愈難，因為企業發展到一定的階段後，要想進一步提升，就必須靠自身的不斷發展和創新。這是一門大學問，而且是一門必須要做成、做好的大學問，除此之外沒有第二條路可走。

未來市場競爭就是為品牌所分割的市場競爭，因此各個企業都必須努力創出屬於自己的品牌，這就需要靠創新的意識和創新的行動來實現。要想創造一個唯企業所有的獨立品牌，那種簡單依靠與海外合作代理的方式是無法成功的。要想使企業的品牌產品長期占領市場占有率，急需企業進行大量的創新工作。而那些表面上暢銷的合作代理

119

品牌，實質上是要透過品牌合作達到占領市場的目的。因為品牌的高階還是握在合作者的手裡。資金來了、設備有了，但生產卻是在圍繞著代理的品牌轉，這對於企業自身品牌的創造能有多大價值？因此，對於今天的企業來說，已經不再是模仿期，而是需要企業在創建品牌方面加強創新，在汲取精華的基礎上，結合消費者的心理需求、民族精神和多方面的設計元素，探索一條屬於企業自身的品牌行銷模式。

企業品牌創新也是有階段性的。在創新階段，企業管理人員需要勤於學習，善於鑽研。企業的發展、品牌的創建與發展日新月異，也許今天你的技術是先進的，但是幾天以後便會處於落後狀態。因此，企業要在不斷創新中，保持品牌優勢，不僅要在產品技術上不斷創新，而且要在企業的行銷手段、管理制度等方面不斷探索和創新。縱觀現在的市場狀況，產品更新換代的週期愈來愈短，新的理念、新的設計以及新人才層出不窮，這勢必要求企業創新的速度也愈來愈快。對於那些大企業的大品牌來說，就更需要保有創新的銳氣，拋棄任何「坐大守成」的思想，不要讓其成為阻攔企業發展的暗礁和絆腳石。雖然市場的品牌分割狀況已經形成，但是每一種新品牌的出現都充滿了創

新的精神，所以要善於提取新的文化要素，更要提倡新的
文化形式。這已成為品牌創新的最大後發優勢，成為品牌
向市場眾多的「前輩品牌」挑戰的利器。

企業在品牌創新階段更需要決策者放眼世界，放眼未
來。就像那些將要畢業的大學生，除了要在課堂上認真聽
講外，還需要在課外的圖書館裡用功鑽研，更要走向社會
進行實踐。企業創新絕不能閉門造車，要以開闊的視野瞄
準高階市場，放眼全球才能獲取最新的資訊。在學習新資
訊新技術的同時，企業還要學會深入剖析高階品牌的核
心價值和有關規律，學會破解之法，才能找出其原理和
規律。

企業的品牌創新最主要的一點就是要保持技術和產品
的創新。要想使企業能夠在國際和國內的市場競爭中站穩
腳跟，始終立於不敗之地，就必須要生產出適應市場需求
變化的新產品。為此，企業要擴大產品的橫向應用領域，
開發出更符合市場價值規律的產品來。而產品在不斷推陳
出新中所依靠的便是技術的不斷創新。品牌創新是產品創
新和技術創新的直接檢驗和最終結果，也是企業品牌創新
系統的主要環節。透過企業品牌的不斷創新，使產品更加
符合消費者的需求，從而在鞏固原有市場的基礎上開拓新

的市場，獲取更多的市場占有率，最終提高企業品牌在市場競爭中的盈利能力。

　　企業的品牌創新過程是一個異常艱難的過程，需要經過縝密的調查研究、準確的判斷分析、行之有效的行銷方式、人性化的售後服務，才能贏得良好的社會信譽。企業要在市場競爭中抓住機遇，以可靠的產品品質、優質的售後服務、強大的品牌優勢來鞏固品牌的不斷創新，這樣才能取得用戶的信任與青睞，從而擁有較為可觀的市場占有率。在品牌創新管理中，企業要根據未來發展的新要求，建立健全一整套系統、規範、簡潔、時效的企業品牌創新管理機制，才能確保企業品牌不斷創新和發展的企業活力源泉。

　　「世界唯一不變的就是變化」。市場在不斷發生變化，消費者也在變化，品牌自身也在不斷發生著巨變。那些百年金字招牌的成功祕訣就在於企業維護品牌核心價值恆久不變的同時，還能與時俱進地對品牌進行不斷創新，從而擺脫時間對品牌的侵蝕。就像萬寶路一改女性化形象，採用鐵錚錚的男子漢作為創新的品牌代言人；BMW 也在與時俱進中研發新款，還有許多類似的例子。動態的市場並不存在恆久不變的品牌，企業只有把握住時代的脈搏，不斷實踐品牌創新，才能使品牌煥發生機，永保青春活力！

　　世界第一飲料品牌可口可樂，就是在不斷創新中，創造出百年不老的品牌神話。在這百餘年中，可口可樂公司在不斷地更新著廣告文案，及時推出走在時尚尖端的代言人，實施緊跟時代潮流的行銷策略，為可口可樂及時注入新鮮的活力，不斷演繹表現積極樂觀的品牌核心價值。百餘年來，儘管一代又一代人的容顏漸老，可是可口可樂依然保持著青春活力。品牌的不斷創新也鑄就了飛利浦公司，在 100 年間研發 3,000 多項專利技術；耐吉「發揮潛能」，在很短的時間內就會推出一部新的廣告片；芭比娃娃則緊跟時尚潮流，在不同的時期推出不同主題的娃娃……

　　品牌最大的忌諱就是墨守成規，一個品牌無法在很長時間裡都沒有在產品、廣告、技術、包裝等方面的創新。因為歲月對品牌的侵蝕力是不可低估的，時光可以使品牌變得老態龍鍾而舉步維艱。然而許多卓越的品牌卻不斷跨越產品生命的周期，走過上百年的漫長歷程卻依然生機勃勃，充滿青春活力。寶僑於 1837 年建立，雀巢始於 1867 年，賓士始於 1886 年，對這些長壽品牌的研究表明，企業在維護品牌的核心價值恆久不變的情況下，要與時俱進地對品牌進行不斷的創新。創新不僅是品牌活力的動力源泉，更是擺脫時間侵蝕成就百年金字品牌的成功祕訣。

企業內部驅動力

　　品牌創新是企業生存和發展的內在驅動，也是企業的策略性命題。隨著複雜的市場競爭的不斷變化，企業需要以新的流程保障跨越市場、跨越部門的高效品牌創新。品牌創新就是企業在發展建立中的一種內在驅動力。一家企業真正的提升，是透過創新性的改良品牌和更新產品來實現市場分享的。如果沒有品牌創新，企業就很難在市場上生存和發展，那些席捲而來的競爭者就會毫不留情地複製企業現有的優勢並取而代之。就目前而言，很多企業尤其是中小型企業，在進行內部創新時都會遇到很多難以克服的問題，甚至沒有足夠的資源和能力實現品牌創新。其中一個很大的原因就是很多企業都只能依靠複製、「仿冒」國內外的創新性產品，才能實現本身的「創新」，而且這些品牌的「創新」往往是自上而下的。所以市場、技術和商業創新也都遵循這種自上而下的商業文化，這與美國商業文化中鼓勵自下而上的企業創新相去甚遠。雖然企業對核心業務的關注更多，卻極少花專門的精力去研究辦法。而這對於企業走向實現全球化卻構成了挑戰。品牌創新過程中的每一個階段都是最終通往創新品牌的必經之路。

建議這樣做：

▶ 品牌創新的靈感

隨著企業的飛速發展變化，企業的製造能力也在發生迅猛的改變。在這種情況下，企業必須保持敏銳的觸覺才能及時掌握消費者的最新需求。這就需要在集思廣益中，挖掘更多更好的方法來識別和認清這種變化，沿著社會的發展趨勢來準確分析消費者的需求點，從而為公司的品牌創新尋找新靈感。愈來愈多生活富裕起來的國人，在滿足了物質需求之外更願意追尋豐富精神生活的體驗。而這種需求，對各行各業都有著不同形式的影響。人們都希望自己和家人能夠活得更好更健康，所以就會選擇更美味且營養更豐富的營養品。消費者的這類需求便會影響到一些行業的發展，如有機食品、保健食品、體育器材、醫藥飲食等，都受消費者的這種需求所影響著。

在品牌創新中，許多企業都抓住契機，為自己的產品加入新的價值元素。如電腦和網路的普及，使許多的家庭開通了網路。企業就可以利用 LINE、Facebook、Instagram、YouTube、Telegram 等社群平臺進行品牌創新和行銷，這就是為了滿足消費者的上網需求而產生的創新。消費類的電子設備變得愈來愈小巧，也更容易操作。電視廠

商也紛紛動腦進行產品改造，增加各種功能，以滿足消費者除看電視之外的其他要求。飲料行業的一些企業則在自己的果汁飲料中加入維生素以吸引消費者。企業在品牌創新中，每種產品的組成和功能都可以在認真研究和改進中進行細分，進而提升產品的整體性能。

企業也可以將強勢品牌中的產品類別延伸到完全不同類別的創新中，讓自己的強勢品牌在其中找到更好的位置，或者新發展出一個類別。如著名電影製作人及主題公園製作人將迪士尼作為娛樂的體驗，在零售產品品牌上進行創新，將迪士尼的動畫形象品牌設計成各種玩具和服裝，開設品牌商店，使迪士尼如今的零售收入占了公司收入的較大比重。還可以像慶典城一樣，在社區進行娛樂體驗，把娛樂精神帶入社區的生活中。再如，美國的食品知名品牌家樂氏，如今已經牢牢占據早餐市場。因為它發現，那些專業人士沒時間準備像樣的早餐，卻很需要「快速」營養，於是引入家樂氏營養麥片、全麩質穀類等穀物產品，從而具有穩定的市場占有率。

▶ **品牌創新的靈感篩選**

創造性的靈感是無窮無盡、沒有盡頭的，而且這些想法充滿了樂趣、富於創造性。問題是靈感對於公司的品牌

創新是不是可行？靈感必須與公司的使命和聲譽以及資源和關係相匹配，同時還必須預測潛在的投資回報率和相應的風險水準。許多優質的靈感卻不一定能匹配公司的使命和聲譽，就像 BMW 產生追隨哈雷戴維森（Harley-Davidson）的靈感，以為橫向擴展到服裝領域就會成功，於是在世界各地的機場和商場零售店推出摩托車和汽車服裝，然而這項舉動卻一直沒有獲得成功。因為 BMW 無法像哈雷那樣，引起全球狂熱崇拜的口碑。而且 BMW 習慣於贈送高價服裝作為摩托車和汽車的促銷激勵，這實際是公司資源的巨大浪費。

激烈的市場競爭迫使企業在品牌創新中隨時透過建立新的策略夥伴關係，及時向相關客戶擴展企業的品牌價值和主張，以此為契機尋找新的利潤途徑。尤其是金融界、IT 和軟體業更是如此。波音公司（Boeing Company）便是這樣，從飛機的製造、維修到保養業務，最終使品牌創新延伸到客戶的業務管理，與許多合作夥伴建立了全新的策略聯盟。如甲骨文（Oracle）、惠普（Hewlett-Packard, HP）和思科（Cisco）等巨頭，是透過併購整合的方式，為品牌的創新增添新的動力。

用全新的角度看待和重組品牌創新的形式與結構，想

辦法為客戶和社會提供品牌的更大價值。就像電動車的發展，電池替換了引擎。汽車的外型、結構和動力源都可以有所創新和突破，還可以從節省燃油的方面進行探索。同時也要審慎地研究大眾消費市場，尋找群體特定的追求訊息，每一種消費群體都具有獨特鮮明的需求，要使品牌的創新能夠滿足這種需求。細分思維的例子很多，但歷史上最經典的例子就是在 1983 年的秋天，克萊斯勒（Chrysler）總裁李・艾科卡（Lee Iacocca）推出了迷你貨車（mini-van）。就是這款迷你貨車的推出，徹底扭轉了克萊斯勒的命運，竟然在汽車行業的銷售榜上領先長達 25 年。

品牌創新的重要性

在全球性的金融危機面前，企業怎樣規避危機？企業在危機中怎樣抓住機會、拓展國際市場，才能更快地成長？尤其是中小型企業，究竟怎樣才能存活下去？怎樣應對危機？怎樣降低成本？在這樣的情況下，就不只是技術上創新的問題，而是要建立一種核心企業和配套企業之間，相對穩定、相互關聯的關係，這種成功的經驗在國外也有很多。那些已開發國家的企業，相互之間都存在幾層

承包、轉包關係，所以大企業對小企業負責進行技術指導或者技術支援，甚至提供資金、人員等方面的援助。因而，不同類型的企業在創新中，也要針對自身的狀況而定。那些在行業中發揮主導作用的大型企業，不管是技術創新還是品牌創新，都要發揮企業龍頭的主導作用，透過品牌創新和技術創新，帶動一大批中小型企業共同發展。龍頭企業的創新舉足輕重，能夠影響一大批中小型企業，只有這樣才能刺激整個區域乃至整個城市的經濟發展，企業始終既能保持在穩定、健康、有序的發展狀況下，也能夠有效抵禦市場各種風浪的衝擊。

在企業中，大量的是那種勞動密集型企業，其中大多數是接國際訂單代工生產，結果就是拿人家的一個零頭，而這個零頭卻愈來愈小，目前走到了非常困難的境地。造成這種困境的原因，就是這些企業沒有把創造品牌當作企業行銷的重要核心。因此，這些企業正在面對如何擺脫對外資依賴的現實。擺在這些企業決策者面前最緊迫的任務就是要實現品牌創新，不斷提高和改造傳統產業的結構與層次。企業只有透過品牌創新與管理創新，才能在市場的大風大浪中繼續前行。在這其間，企業更要重視品牌創新，因為品牌創新的重要性並不比技術創新低。

　　有些人可能會認為，如果企業比重視技術創新還要重視品牌創新，似乎多少有點不務正業。但恰恰是這樣的做法才能鞏固企業品牌在市場中的高階地位和主通路地位，而且成本投入也相對小些，因為品牌創新是一種低成本的策略，企業要想適應新的時代潮流，就要讓傳統產業煥發新的生機和活力，那麼就只有走創新這條路。就很多企業而言，在金融風暴的衝擊之下，更多的企業面臨的是生產和經營方面的問題，這個時候的企業就要充分運用新技術，引進新的實用技術，按照創新的模式，實現品牌創新、技術創新，使企業全方位地跟進龍頭企業，這樣才能帶動整個產業的興起。

　　品牌創新實質上就是賦予品牌新的要素，以創造品牌價值的新能力。品牌創新是透過技術創新、品質改善、商業通路和企業文化等方面創新來增強企業品牌的生命力。也就是說，品牌創新包括管理創新、技術創新、商業通路創新和企業文化創新。但是很多企業只重視技術創新，卻忽視了品牌創新。實際上，技術創新只是品牌創新中的一項內容。技術創新是市場經濟的產物，屬於經濟範疇的概念，是指對新產品、新工藝等新技術的研究開發、生產以及商業化應用。技術創新主要有產品創新和工藝創新兩種

類型，同時涉及管理方式方法的變革。技術創新是一種商業活動，是以新技術為手段創造新的經濟價值，是某種新技術的首次商業化應用。如電腦、隨身聽等產品的發明、創新和首次進入市場，都是技術創新。

如果企業品牌創新尤其是技術創新特徵鮮明，就會占有市場並獲得商業利益，這是檢驗品牌創新成功的最終標準。從新技術的研究開發到首次商業化的應用是一個系統的工程。企業作為品牌創新的主體，要在使技術不斷進步、經濟穩定成長的過程中，讓技術創新成為推動企業經濟成長的主要力量，實現經濟與技術的結合，成為技術進步的核心力量。對企業而言，雖然技術創新至關緊要，但是單從效果來看，往往品牌創新能帶給企業更大的商業利益和市場占有，投入與產出的比率也要更為划算、更為長久。

品牌創新的作用主要呈現在四個方面：

▶ 品牌創新是經濟成長的根本動力

「一個國家可能很窮，但它若是有創造財富的生產力，那麼它的日子就會愈過愈富。財富的生產比財富本身不知道要重要多少倍。」這是德國經濟學家弗里德里希·李斯特（Friedrich List）的話。戰後日本經濟為什麼會迅速崛起？

富於進取的日本人就是憑藉品牌創新，將「財富的生產力」展示給全世界。西方已開發國家也是在走過粗放型經濟成長階段後，走向創新推動的集約型經濟成長之路。在技術創新中重新組合生產要素、提高效率、提高人均產量，迅速推動經濟的成長。只有技術創新才能解決企業的資源浪費，逐步實現集約型經濟成長。

▶ 品牌創新能夠提高企業的經濟效益

品牌創新是企業發展的生命力。企業不創新就無法生存。企業如果無法持續創新就難以發展。這是一條難以改變的規律。為什麼一些大中型企業的經濟效益不高？這是很多企業力求解決的一個難題。問題的關鍵在於，這些大中型企業忽視品牌創新，並沒有充分利用技術創新改善原有的產品結構，無法透過提高產品的附加價值和產品品質來適應市場的需求。

▶ 品牌創新有助於提高企業的競爭力

市場競爭的經濟浪潮使企業面臨著巨大壓力。如何才能在競爭中取勝已成為企業能否生存下去的關鍵。企業的競爭通常歸納為兩種類型。一種是以低成本優勢入手，進行商品價格的競爭。價格競爭策略是透過技術創新、降低

生產消耗，或是獲取更低廉的原材料、開闢更為便捷的銷售管道等方式，降低產品的製造成本，透過價格優勢占有較大的市場占有率，掌握產品銷售的主動權，從而把大多數競爭對手逐出市場。另一種是品牌差異化的競爭，就是透過創造與眾不同的品牌產品，吸引消費者進行購買，從而贏得市場競爭優勢。品牌的差異性主要呈現在技術特徵、功能特徵、產品品質、品牌形象等方面。

▶ **企業品牌創新實現產品差異化**

所謂品牌創新實現產品差異化，就是企業在技術創新中，不斷推出改進型和創新型的產品，以滿足愈來愈多樣的消費者需求。

現代企業的資源配置能否充分發揮高效率，主要就是依靠技術創新。技術創新是企業品牌創新的中心內容，要對重點品牌進行研製開發，進一步消化吸收引進的高階技術，在生產中進行認真的學習和深入研究，創建和扶持擁有自主知識產權和市場前景的高新品牌。如在家電品牌的產品創新中，直接從顧客反饋的訊息中發掘技術創新思路和著力點，滿足層出不窮的市場需求。由此可見，在品牌創新中，技術創新有著不可替代的提高企業競爭力的作用。

創新對抗老化

　　很多老字號、老品牌，都是前輩留給後人的一筆巨大的無形資產。如何才能有效地刺激老品牌？這就需要在老企業中實施新的機制，賦予老產品、老品牌以新的概念和新的形象，老市場新運作的策略是遏制品牌老化的唯一出路。老品牌刺激完全可以煥發新的市場活力。老品牌具有深厚的歷史淵源，在幾十年、上百年乃至幾百年的生存發展中，沉澱了大量文化色彩，在歷久彌堅的承傳過程裡，在消費者中奠定了良好的認知及口碑基礎。就像郭元益。但是隨著時間的推移，許多老品牌紛紛出現老化的情況，把金字招牌變成了舊銅匾。如何才能採取行之有效的措施翻新老品牌，已經成為遏制品牌老化、重振老字號品牌的關鍵性問題。

　　企業創品牌不容易，要保持品牌的活力更難。在瞬息萬變的市場經濟中，有些企業品牌今天還是「春風得意馬蹄疾」，轉眼之間就可能已經開始「已是黃昏獨自愁」了。但是為什麼有些企業品牌就能夠「萬里長城永不倒」呢？誰都想尋求品牌的「青春祕笈」，但如何才能使品牌永保青春的生命活力呢？答案其實非常簡單，只有四個字，那就是

「創新品牌」。所謂的「創新品牌」，實質就是以品牌創新來遏制品牌的老化。祕訣在於要時刻抓住新生代，才能使品牌始終保持年輕化。美國一本名為《企業生命周期》（*Managing Corporate Lifecycles*）的書把企業生命周期分為十個階段。企業就像人一樣，會隨著時間的推移與環境的變化而自然老化。

據說鷹的壽命可長達 70 歲，但是在 40 歲時，它必須做出一個艱難而重要的選擇。因為此時的鷹，喙已經變得又長又彎，幾乎能碰到自己的胸脯。鷹的爪子也老化得很難捕捉獵物，並且隨著羽毛長得又濃又厚，翅膀也變得十分沉重，飛翔起來十分吃力。此時的鷹要麼等死，要麼在 150 天漫長的蛻變中進行自我更新。這時的老鷹需要努力地飛到山頂的懸崖上築巢，用喙擊打岩石，完全脫落後靜靜等待新喙長出來。然後用新喙把老化的腳指甲一根根拔掉。最後再用新長出來的腳指甲把羽毛拔光。5 個月以後，一隻全新的老鷹便能夠開始重新飛翔，並可以再渡過 30 年的歲月！一個企業的變革，如果沒有鷹的勇氣，那麼就只有放棄，再也沒有未來。

「打江山難，守江山更難」，細數品牌老化現象，一些企業思想觀念的僵化，缺乏長遠發展的思路；經營管理陳

舊，很少關注市場動態；忽視品牌行銷，宣傳推廣缺乏新意，廣告千篇一律都是功能訴求；沒有能力把握市場趨勢，無法進行有效的整合行銷，形成不了合力，只是維持目前的利潤；管道溝通不暢，坐等客戶，缺少主動做推廣活動的積極性；產品外觀和功能不新穎，更新換代不即時；專賣店的形象陳舊，宣傳物件更新不即時，懈怠於品牌建立、傳播推廣、終端建立、通路最佳化、廣納人才等各個環節，各種問題必然會接踵而至。這些企業，早已跟不上快速變化的消費潮流。在國外，每 10 年的時間就會出現一個明顯的分界，誰能贏得新生代，誰就能贏得企業發展的未來。新生代消費者有屬於他們自己的購物方式，他們的消費行為也發生了巨大變化。企業如果不注重這種變化，就會錯過機會。

　　曾經有人認為二十幾歲的年輕人缺乏消費能力，因為這一群體的主要活動場所為學校，或是剛剛走入社會進入職場，缺乏購買能力。但是這群新生代，正在成為不可忽視的主要消費人群。他們生長的環境遠遠優於上幾代人，所以不擅於也不關心儲蓄，且更加追求消費帶來的舒適和品牌個性。對於這群與前輩截然不同的新生代消費者，只有那些充滿活力的品牌才能搏得他們的好感，而那些日趨

老化的品牌正在被他們遺忘。所以，要想遏制品牌老化，就要時刻抓住新生代的消費市場。

隨著國人對品牌的意識和忠實度的快速提升，企業能否建立新的品牌就顯得尤為重要。從歐美已開發國家來看，「千禧一代」、「嬰兒潮」、「X世代」等企業，每出現新一代消費者都會相應造就一批新的品牌。如果老企業還沒有學會迎合新的消費者，那麼多年辛勤打造的品牌便可能就此沉淪。在市場上，某些成功的企業獲得這樣的行銷經驗：「不可以直接向年輕人賣東西，他們不喜歡。」要想要年輕人喜歡你的品牌，只投放幾則幽默風趣的廣告，或者投入使用明星代言的廣告狂轟濫炸已經行不通了。現在的年輕人只有在獲得親身體驗的快感後，才會考慮是否購買。年輕人喜歡自己去挖掘和發現，喜歡自己動手。因此只有讓他們擁有特別的體驗，才能產生心靈的共鳴。

新生代沒有固定的思想和中心，不受別人左右，也不受太多其他觀念的左右，每個人都是獨立的消費者。在網路上，年輕人的族群現象明顯，按照不同喜好組合成各種類型的朋友圈，並受到意見領袖的影響。現代年輕人的領袖大多是歌星、影星，也有網路寫手等。意見領袖會極大影響年輕人的消費行為，其中的娛樂明星更容易成為消費

意見領袖。代言人的形象和個性特徵，甚至比知名度更加重要。商家要認真研究消費者的心理，選擇能夠影響消費者觀念和潮流的人作為形象代言人。

　　但是，愈來愈多的企業開始意識到，要想抓住新生代的消費規律和特徵，並不像想像中那麼容易。因為很多企業對現在年輕人的消費心理和消費習慣一無所知。一些老牌企業躬身向新生代消費者示好，卻意外發現，他們多年來無往不勝的行銷手段對這個消費者群體幾乎失靈。大眾認為他們是一群熱衷享受、追隨自我感受的時尚年輕人，也是一群熱愛生活、樂觀進取的有品味的年輕人。

第七章

品牌行銷，塑造品牌力

　　所謂「品牌行銷」，就是企業以品牌的核心價值為原則，在品牌識別的整體框架下選擇廣告、公關、銷售、人際等傳播方式，將特定品牌推廣出去，以建立品牌形象，促進市場銷售。品牌行銷是企業滿足消費者需要，培養消費者忠誠度的有效手段，是品牌力塑造的主要途徑。

故事的力量

　　神話故事中，仙人用手指輕輕一點就使石頭變成金子。「點石成金」出自《西遊記》第四十四回：「我那師父，呼風喚雨，只有翻掌之間；指水為油，點石成金，卻如轉身之易。」點石成金在古時是說神仙道人點鐵石就能變成黃金，化腐朽為神奇。

　　人人都愛看、愛聽故事，那麼用故事說品牌，品牌就會因故事而被點石成金。面對那些脫穎而出的品牌，人們總會懷有好奇心，想去探尋隱藏在成功背後的傳奇故事。無論是品牌的淵源和寓意，還是品牌成長過程中的波折坎坷，以及創辦人一生的遭遇經歷等都能使人從中得到啟迪，獲得滿足感。這就是品牌故事的力量。

　　一個品牌就是一段故事。在商場如戰場的商品經濟社

會中，有多少知名品牌折戟沉沙？而那些林林總總的品牌
更如昨夜繁星紛紛隱去。為什麼有一些品牌，雖然經歷了
時間的漫長洗禮，卻歷久彌新、愈發光彩動人，甚至成為
新生代消費者眾星拱月的追逐目標。正是這些企業家在創
建品牌、拓展市場過程中的精彩歷程，以及在相似的生活
遭遇中，那些不一樣的喜怒哀樂，構成了這些品牌成長發
展的全過程。消費者在閱讀故事的輕鬆氛圍中，更能領略
企業家的遠見卓識和過人膽量，這些經典的品牌，就會穿
越文字，散發出獨特的魅力。

　　故事的力量來源於對人情緒的控制，沒有故事的世界
是無聊的，必定會充滿僵硬愚昧和冷漠。商品領域也是一
樣，所以往往是那些有故事的品牌，才會產生更大的市場
向心力。而行銷最大的關鍵點，就是想方設法去引導受眾
的正面情緒，使之產生行為衝動。那麼如何引導受眾的情
緒呢？最簡單也最有效的辦法就是講一個動聽的故事。

　　作為一種載體，故事具有傳奇性、戲劇性、衝突性、
曲折性、傳承性和傳播性色彩，這已經在潛移默化中被人
們所接受。縱觀那些企業家熟知的行銷理論和實踐，從產
品行銷到服務行銷，從體驗行銷到情緒行銷，行銷方式也
在不斷深入發展，行銷人員也在不斷挖掘各種奇思妙想，

發現更廣闊的領域繼而開創一片新天地，這也是必然的趨勢。在這樣的市場競爭中，企業就要以敏銳獨特的眼光洞察市場的走向，以更深刻更廣泛的故事行銷，進行系統的編撰。這預示著故事行銷時代的到來，也是行銷界無法忽視的演變結果，而這恰恰是品牌宣傳和品牌推廣的最好武器。

所謂的故事行銷，就是企業利用演繹後的那些企業相關事件、人物傳奇經歷、歷史文化故事或傳說故事，激起消費者的興趣與共鳴，從而提高消費者對品牌關鍵屬性的認可度。這種故事行銷方式的妙處在於，故事本身具有自我傳播效應，是一種最有效的深度傳播形式之一。但是故事行銷不能脫離企業的發展策略和企業文化而隨意編撰，故事行銷中最核心的部分就是那些生動趣味的小故事，所以一定要緊密結合產品的屬性，而且要符合產品的定位。任何一個成功品牌的背後，都會有一連串優秀的故事支持品牌的建樹。譬如 Zippo 的行銷故事可謂經典之作。世界上從來沒有另外一個牌子的打火機能像 Zippo 品牌打火機那樣，擁有眾多生動有趣的故事。所以在顧客的眼中，Zippo 不僅是由動人故事構成的打火機，而且還是值得信賴、能夠伴隨一生的忠實朋友。用故事講述行銷之道，不

僅通俗易懂、易於流傳，為大多數人所喜聞樂見，更重要的是其中包含著深刻的寓意和成功的智慧。行銷理論的理論性強，內容生硬而抽象，非常容易使人昏昏欲睡，而生動活潑的故事能夠使人快速聯想，要比理性的敘述更為有效得多，能夠直達人的內心深處。

故事行銷還能夠加速品牌的成長，讓品牌更具人性化和人情味。人們在了解故事的同時，也與品牌進行了更加深入的溝通。故事行銷會極大地促進產品的銷售，從而為產品附加一種光環而產生附加價值，人們當然更願意在特別感受中消費。而且，故事行銷可以成為企業內部統一的價值體系，使員工的思維、價值觀和奮發意識全都圍繞著品牌故事，從而統一對外傳播。故事行銷能夠促進企業的發展，使企業建立品牌，建立統一的價值觀，是使消費者更覺貼心也更容易接受的一種新的行銷策略，從而快速推動品牌推廣，累積品牌效應。現在很多國際知名品牌也在透過品牌故事的傳播樹立獨特的品牌形象及品牌主張，透過感性的故事渲染，在消費者理性的思考中植入感性的品牌烙印，使品牌更加生動也更加人性化，人們透過品牌故事便能夠更多地了解品牌、熱愛品牌，從而為品牌注入青春活力。

　　用故事說品牌，品牌就是透過故事來「點石成金」，這就是故事行銷的力量所在。在故事行銷的情節演繹中，人們的情緒得到了很好的激發，品牌自然會與消費者產生情感共鳴，滿足人類對喜怒哀樂的情感需求，這樣就能夠實現品牌溢價，從而擴充品牌的市場容量，進而保障品牌基業長青，實現品牌權益收益的最大化。在每一個成功的品牌背後都蘊藏著許多動人的故事，而發掘這些故事就能夠為企業創造財富，為品牌提供源源不竭的動力。在當今這個品牌至上的時代，要把故事作為品牌的行銷策略，在潛移默化中影響和引領大眾的消費觀念，繼而形成一種力量和威力。這些能夠使感情發生變化的故事正在「點石成金」。

明星代言是一把「雙面刃」

　　明星代言品牌就像一把雙面刃，選擇得好則事半功倍；若選擇得不好，便會得不償失。使用明星代言品牌有很多好處，因為明星的價值可以在代言中移植為品牌的價值，成為很多企業突破現有的發展瓶頸，達到提升品牌目的的一條捷徑。明星代言品牌也可以迅速推動品牌的傳播，甚至可謂之「一招在手，市場我有」，產生的品牌效應是巨

大的。而且明星代言也有利於整合行銷，從而加速產品在市場中的推廣。當一家企業或產品贏得消費者明確的記憶度和信任度之後，就會透過通路快速實現市場鋪貨，迅速形成購買需求的市場環境，從而使企業在短期內得到快速提升。

不過也要認知到，明星代言也有不可避免的弊端。由於明星代言的成本過高，每年簽約的費用一般要高過百萬元，那些公信力高、個人口碑好的明星的費用甚至可能上千萬元。一家企業如果沒有強大的經濟實力，就會難以支撐龐大的推廣費。（有些企業即便在初期能夠簽約，可能對企業形象會有一定的促進作用，但是如果明星代言的利用率小於應該發揮的實際價值那就很不划算。）普遍認為明星的代言費用和推廣費用的比例約為 1：5。明星作為品牌代言人的選擇，需要明星與品牌之間有一定的匹配度，否則就會出現負面效應。有些中小型企業盲目追隨社會關注度，只想利用代言人短期內的高人氣進行快速簽約，期冀利用代言人的關注度快速展開品牌市場的占有率。但是如果忽視了產品與代言人之間是否匹配的問題，就會出現產品與代言人匹配度過低，使代言變成飲鴆止渴的廣告行為。

　　明星代言最主要的弊端是，如果明星出現了負面的社會事件，就會拖累企業的發展。毫無疑問，明星代言是一種商業行為，而商業行為就不可避免地存在著各種風險。縱觀現代傳媒的時尚趨勢以及娛樂圈的內幕、明星的隱私早已成為眾人挖掘炒作的一個熱點。如果明星的形象毀了，那麼他所代言的企業也只能自嘆倒楣，所謂「成也蕭何，敗也蕭何」。

　　愈來愈多的企業認知到，品牌形象代言人對提高品牌的知名度、提升產品銷量所發揮的巨大作用。所以在愈來愈多的廣告中，出現各類明星、模特兒作為品牌的代言人。如果選好品牌形象代言人，那麼無論對企業還是對代言人，結果都是雙贏的。如果選不好，就可能對企業的品牌形象產生負面影響，或者會導致品牌代言人的名譽受損，甚至會影響代言人的發展前途。

　　企業選擇名人代言廣告，應該遵循以下原則：

▶ 門當戶對

　　古人對婚姻通常抱有一種門當戶對的態度，而企業要想聘請品牌代言人，也要遵循「門當戶對」的原則。因為企業的實力不同，在行業中所處的地位也不同，加之自身發展階段不同，還有品牌定位、品牌影響力以及品牌的內涵

也都會有所不同，所以在聘請品牌代言人的時候，也應該有所區別，要在一定程度上講究對等。如果雙方不對等，就可能像婚姻不對等一樣產生不良後果。

▶ 推陳出新

企業品牌代言人必然要隨著時代的變化和市場環境的而改變，這不僅是必要的，而且是必須的。為了使企業品牌永保青春，需要不停地「推陳出新」，從而為品牌注入新的活力。

▶ 個性一致

品牌的個性就是產品的靈魂。如萬寶路的個性是硬漢、力量、獨立；諾基亞的個性是比較人性化。品牌的個性一旦形成後，在傳播過程中就會擁有經久不衰的獨特魅力，在引起消費者的認同後便會形成持久的忠誠度。而品牌代言人的社會身分、年齡和外在風格也存在著很大的差異，而這種差異會造成品牌個性的差異。因此需要認真考量，品牌個性與代言人的個性是否一致。如果個性一致，那麼品牌代言人就能具體地表達品牌的內涵和個性，使其得到廣泛的傳播。如果個性不一致，甚至相悖，那麼就會弱化甚至損壞品牌的形象。

明星選擇代言品牌，應當遵守「十字規則」——匹配、可靠、精品、系統、保障！

▶ **原則一，相互匹配**

明星與企業品牌之間要有一定的契合度。這包括兩層含義：一是明星個人的人氣度要與品牌的影響力和號召力相互匹配。例如周杰倫與 Dior、五月天與日立 HITACHI。大牌明星一定要為那些知名企業和品牌代言，才能使雙方的合作產業共贏的效果。如果大牌明星為毫不起眼的二、三線品牌代言，那麼對明星的個人形象就會產生極大的傷害，讓人懷疑是利益驅使明星選擇代言的。

再者是明星個人的氣質要與品牌的內涵相互匹配。每個明星都有獨具特色的魅力，每種品牌都希望能夠透過明星代言來展現自己獨特的內涵。如果讓活力四射的演藝明星代言充滿浪漫色彩的品牌，互不搭調的結果便可想而知。

▶ **原則二，可靠**

應選擇那些口碑好、沒有任何負面新聞、值得信賴的品牌，這一點對明星來說非常的重要。儘管明星也會借一些負面新聞進行炒作，但是從長遠考慮，明星更要注重在

大眾面前塑造積極向上的正面形象。否則，大眾就會隨時質疑代言人的公信力。選擇代言人的品牌多以 B2C 企業居多，這些產品與普通大眾的接觸非常密切，因而大眾一旦發現問題並曝光，就會迅速發生連鎖反應，也會使明星的個人形象一落千丈。如近年來食品行業成為大眾焦點，曾經風光輝煌的三鹿集團因三聚氰胺事件而破產，這無疑會對代言該品牌的明星產生極大的負面影響。不僅當時的代言人受到指責，甚至曾經代言過這一品牌的明星藝人也被神通廣大的網友「挖」了出來，遭到網友的強烈質疑。儘管該藝人一再強調自己代言那時產品的品質並沒有問題，但網友並不買帳。所以明星在選擇代言品牌時，一定要謹慎再謹慎，應盡量選擇大品牌，避開那些容易陷入糾紛的行業。尤其在為食品代言時，更要加倍小心。

▶ **原則三，精品**

要寧缺勿濫、少而精，這和明星拍片是一樣的道理。不管一個明星有多少作品，一般觀眾只能記住兩、三部而已，所以代言品牌更要「把廣告拍成精品」。如果大家因品牌廣告而記住某位明星，那麼對於代言的明星來說是一種驕傲。可是有些明星拍攝的代言廣告粗製濫造，缺乏藝術性和欣賞性，產生的影響並不好。還有的明星代言兩個甚至更多

的品牌，那麼他已經不是品牌代言人，而是一位廣告明星。而且如果明星代言的廣告太多，會被認為是過於追求經濟利益而不務正業。而有某位明星代言幾種藥品，本來讓明星代言某藥品當然是要強調藥品療效好，可不少人看完這些廣告後就覺得這個人可能是有病亂投醫，要不他怎麼什麼藥都胡亂吃？這對明星來說不能不是一種負面影響。

▶ 原則四，系統

　　明星代言品牌時，最好在一個領域中只選擇一個品牌代言。而且所選品牌的人格化特徵必須相仿，品牌形象不可相去甚遠。如果一個明星打算代言某個品牌的產品時，最好選擇系列產品，如一位白領，每天早上用什麼牌的牙膏、擦什麼牌的保養品、穿什麼牌的衣服、戴什麼牌的手錶、上什麼餐廳吃飯、喝什麼牌的飲料、用什麼牌的手機、開什麼牌的汽車、住什麼房子等。明星代言的品牌最好也能呈現這樣的系列，才能襯托明星的品味。而且不同領域的產品針對的目標人群也各有側重，就像用 OLAY 的族群與用綠藤生機的消費者完全不同。雖然有的明星適合多種角色，但是人們更習慣於把一個明星歸類於某一類人群，而不是某幾類人群。如周杰倫曾經代言百事可樂，後來又代言雪碧，容易誤導消費者「雪碧比百事可樂好」。

▶ 原則五，保障

保障原則就是對明星的利益要有保證機制。百密一疏，一旦品牌出現問題，對代言人肯定也會產生影響，嚴重的甚至會終結職業生涯。因此在選擇代言某個品牌時，必須針對日後可能出現的情況提前制定防範措施，所謂「先小人後君子」，將相關因素及可能發生的後果考慮周全，並以書面形式簽署代言協議，避免責任界定不清而導致不必要的糾葛，背離代言初衷。還要事先制定危機管理機制，一旦品牌或明星個人出現問題，就可以立刻啟動該機制，使對雙方的影響降到最低。明星代言的領域愈廣，承擔的風險也就愈大。

合作雙方要本著對消費者誠信、負責的態度，認真對待品牌代言，切忌急功近利，更不能唯利是圖。只要謹守這五項原則，那麼對明星和其代言的品牌乃至所面對的消費者，都會有所助益。

公益活動

非盈利品牌行銷傳播，是以非盈利為目的，運用行銷學和傳播學的方法和理念，推廣和傳播文化、價值觀、組

織形象和組織制度等方面內容的活動。在美國很早就有人借用行銷學的方法來推廣組織形象和價值觀，但是人們一直把它歸納在公共關係的活動中加以解釋。雖然這種非盈利品牌行銷傳播與公共關係之間有一定的連繫，但實際上並不是公共關係理論所能解釋的。因為它所涉及的內容往往要比公共關係更複雜也更寬廣。

優秀的公益品牌是一種非常稀缺的資源。這種非盈利組織品牌行銷的各種公益活動能夠快速匯聚社會資源，並且能夠有力保障這些資源得到合理的利用。在全球文化傳播日益發展的當今時代，軟實力競爭已經逐漸成為各方面爭奪話語權的焦點，國家和各級組織在推動「硬實力」建立的同時，愈來愈注重組織形象、文化傳播、價值觀和組織制度等非盈利性「軟實力」的推廣，因此非盈利性的行銷傳播便應運而生。所以在歐美等已開發國家，早已開始了這種非盈利行銷傳播的研究與實踐。

公益傳播、公益活動以及公益行銷最早起源於西方。公益傳播的主體大多是大型企業和公益組織。如今的公益傳播已經被許多企業納入品牌行銷的策略之中。公益行銷活動能使公司、非盈利機構等類似組織在合作中互惠互利，推銷和促進各自的形象、產品、服務或訊息。非盈利

性的傳播活動，如公益廣告、公益網站、公益活動等都屬於公益傳播。而公益行銷就是以企業為中心，以行銷為出發點進行的公益傳播。非盈利性質的公益傳播更具包容性，上升到社會行銷學的範疇，公益行銷的本質是為企業的商業利益服務。

公益傳播與社會的組織形態密切相關。因為在社會組織結構中存在著大量的非盈利組織，例如，國家的政府、公立學校、慈善機構、司法機關、新聞媒體、宗教團體、學術社團以及軍隊等。這些組織的使命就是要為社會提供服務和公共產品、組織非盈利活動、協調社會生產、維護社會穩定等，這些組織的社會角色和功能，本身就帶有非盈利的性質和屬性。在整個社會活動中，非盈利組織與盈利組織之間是一種既相互補充又相互制約的關係，但是兩者的運作方式與管理方式是截然不同的。非盈利組織的角色扮演者是社團組織公民，目標是使社會效益與社會貢獻實現最大化；而盈利組織的社會角色扮演者是企業公民，目標是實現經濟效益的最大化。所以公益行銷活動與一般的促銷活動並不相同，它比促銷活動的內容更為豐富，承載著更多的商業與文化內涵。公益活動屬於公關性質的活動，但是要比一般的公關活動更有社會意義。

公關活動的作用：

▶ 品牌行銷的利器

公益活動之所以具有極大的社會效應，是因為它關心人的生存發展和社會的進步。企業或組織在進行公益傳播中，也能夠擴大知名度和影響力。企業的慈善活動能增加社會公共利益，所以更容易引起消費者的關注與支持，產生情感共鳴。企業以積極的理念投身於社會公益活動，高度的社會責任感會為企業帶來無形財富，增加經濟效益。企業的公益活動也能有力調動員工的積極性，能有效地提高公司員工的忠誠度。公益活動傳播是企業行銷的一個重要組成部分，也是一種獨特的行銷手段，只要應用得當，必然會成為品牌行銷的利器。企業要在各項公益活動中引導消費者和大眾對企業品牌進行了解和認知，從而牢固樹立品牌形象。這需要從以下方面入手：

1. 建構強勢的傳播平臺，向媒體借勢

   在資訊或觀念流向意見領袖之後，就會透過意見領袖的人際網路擴散開去。而媒體這個意見領袖的規模較大，且營運成熟、公信力高，企業要是選擇這類媒體達成策略同盟，會對提升企業品牌會有很大的推動作用，這就是媒體應用中的借勢。在公益傳播這個具體

的領域中，媒體的形象與媒體規模和是否熱心公益事業有關，經常開展公益活動的媒體在社會傳播中往往更具優勢。

2. 把握傳播分寸

公益活動的傳播一定要注意適度的原則。公益傳播，涉及公益事業和企業公益行為的傳播，公益項目是企業公益行動的依託，這兩方面是相輔相成的。低調行事不會引起共鳴，太過渲染張揚則會使公益活動變成「商業秀」似的炒作。所以必須要拿捏好尺度，準確、適度地進行傳播，才能讓企業品牌漸入消費者心裡，慢慢擴大品牌的美名。

3. 打造公益活動品牌貴在堅持

公益活動品牌化是企業公益傳播走向成熟的標誌。企業要把公益活動作為長期的投資，要像經營產品一樣經營公益事業，集中精力，形成合力，才能做出品牌。使公益活動品牌化，才能傳播得更深入更久遠。公益活動品牌化，應當成為企業品牌策略的重要組成部分。要想形成品牌，企業所選擇的公益項目必須具有可持續發展的潛力。

4. 規範操作才能形成公益傳播營運機制

　　公益活動品牌化的客觀要求，就是要進行規範化操作。將公益活動的前期策劃、具體的執行步驟、後期評估等每個過程全都細節規範化，才能有章可循，形成完善的運作模式。

▶ **公益活動的主題選擇**

　　企業由於所屬行業、經營規模、市場定位、目標受眾等各有不同，公益活動的關注度受到不斷發展變化的因素影響而顯得天差地別。這為企業公益活動的選題與策劃帶來挑戰。選題的適宜性受多方因素的影響，如主題的熱度、文化價值觀、行業相關度、受眾吻合度以及企業策略等。對企業來說，最受關注的主題才是最有價值的。企業公益活動要緊密結合所處的行業，竭力為企業地位的鞏固和提升做貢獻。要跳出行業限制，上升到人道主義的層面，從更高層次參與公益事業。公益活動必須能夠成為企業策略的有機組成部分，形成合力，這樣公益活動傳播才能成功。受眾吻合度是我們要考察的另一個重要因素。每個公益活動都只針對某一領域的特定人群，企業的公益活動選題策劃，必須做到公益活動和企業的「受眾」高度吻合。取捨的關鍵在於企業未來的發展策略，所有的廣告、公關、促銷、贊助等行銷活動都

是在為企業的品牌策略服務。

　　公益主題要有可持續性。企業每次的行銷推廣，都是企業資產的累加，都是在提升企業的品牌形象。企業要在一個公益主題上持續著力，才能形成強而有力的品牌行銷點，總體上形成鮮明的形象。企業要避免頻繁更換公益主題，以免造成企業資源的浪費。公益活動是否具有可持續發展的特性，取決於所關注的話題是否能夠長期持續投入，受益對象是否有成長的空間，參與是否多元化、項目的實施是否合乎情理。公益主題的運作要有加成性，企業要與合作方共同合作、互利共贏。要考慮合作對象的品牌形象、覆蓋面和執行力以及與合作對象的互動等。如果與有品牌效應的 NGO（非政府組織）合作，企業品牌形象就會得到彰顯，那麼傳播的力度也就會更大一些。進行公益活動傳播時，還要實行差異化的策略，只有做好差異化才能使企業更好地脫穎而出。這就要求企業抓住自身優勢，利用有利的資源出奇制勝，推出富有特色的公益活動，否則，就會淹沒在公益活動的洪流中。

第八章

正確品牌認知，走出盲點

目前，行銷界對品牌的研究形成了一股熱潮，其中不乏令人耳目一新的內容，但同時也有很多盲點，企業對此必須小心，不要在品牌的認知上犯錯誤。

品牌與行銷的定位

在很多企業中，行銷主管的行銷計畫常常一味強調提升銷售量，把產品銷量作為企業追求的最大目標。這些行銷主管們大都有一個「共識」：做銷量就是做品牌，只要銷量上來了，品牌自然會得到提升。這是非常錯誤的觀點。因為片面追求銷量會導致對品牌的知名度、信譽、忠誠度、品牌設計聯想等要素視而不見，長此以往就會導致品牌崩潰。如三鹿公司的隕落，就是片面追求銷量，忽視了其他品牌要素的結果。當年三鹿龐大的銷售量沒有撐起品牌的大廈，就是因為奶粉原料品質把關不嚴，導致其嬰幼兒配方奶粉的三聚氰胺含量超標，食用該配方奶粉的多名嬰幼兒患泌尿系統疾病的嚴重問題經媒體曝光後，外強中乾的三鹿企業便轟然倒塌，隕落在歲月的深處。一個木桶能裝多少水，不是看這個桶有多高，而是取決於它最短的那塊木板。幾乎可以肯定，如果企業的信譽、忠誠度以

及品牌策劃聯想的提升不力，那麼木桶的水將會慢慢地漏盡。

品牌建立可以影響和促進行銷，卻並不等於行銷，所以做品牌不等於做銷量。一些企業為了達到擴大銷量的目的，經常大搞促銷活動，孰不知這實際上會使品牌貶值。經常性的促銷會給人造成價格不真實之感，消費者就會更期待等到促銷時才去購買產品，而那些忠誠的消費用戶也會因為感到受了欺騙而離去。做品牌不等於做銷量，而廣告的目的是銷量的成長，也是品牌形象的提升和品牌權益的累積。如果只達到其中的一個目的，那就不是成功的廣告設計。縱觀那些成功的品牌，都不是只注重銷量，而是更注重建立永續經營的品牌，甚至對他們而言，有時候銷量都是次要的，因為品牌的建立才是最為重要的。如可口可樂，始終在注重眼前利益的同時，更為長遠利益著想，既要提高銷量，更要累積品牌的無形資產。也只有這樣，品牌才可以在歷史的長河中縱橫馳騁、長盛不衰。

可是在我們的身邊，為什麼還有那麼多曇花一現的品牌？而且為什麼我們的品牌價格總是比國外名牌低很多卻無人喝彩？為什麼廣告一停，銷量馬上下滑？為什麼媒介發出的一篇文章或一次小小的品質事故，就可以葬送一個

看上去相當輝煌的品牌？而如雀巢、東芝（TOSHIBA）都出過很大的品質事故，為什麼就未傷及品牌元氣？這一切的背後，是因為大部分企業對真正品牌策略實際上十分陌生，企業幾乎沒有強勢品牌也是不爭的事實。

不得不承認，有不少企業把行銷廣告做到了一流的水準，如一流的整合行銷傳播策略，極有傳播力與感染力的廣告，還有那些美輪美奐的終端陳列等。但是卻無法否認，許多品牌面臨著低價競爭、過度依賴廣告與促銷、品牌的抗風險能力差、銷售額高得驚人，利潤卻低得嚇人等尷尬的局面。這些狀況無疑對企業一流的行銷廣告形成了莫大的諷刺。做好行銷廣告並無法打造強勢品牌，大多數品牌離世界強勢品牌還有很遠的距離。

可是就連專家都公認，企業的行銷傳播已經做到了一流，但是為什麼那些知名的企業得到的卻是無盡的煩惱？多少所謂赫赫有名的名牌，最後只是曇花一現，廣告一停，銷量立刻下滑。而且行銷費用與創建品牌的成本始終高居不下，品牌的抗風險能力更是非常之差，只要競爭對手一降價，若不馬上跟著降價，銷量也立刻隨之下滑。往往辛苦了一整年，銷售額很高，利潤卻微乎其微，甚至連許多赫赫有名的「名牌」也無法例外。

這些現象表明，很多企業一流的行銷傳播並沒有打造出強勢的品牌。為什麼呢？因為並沒有打造出個性鮮明、聯想豐富，高價值、高信譽與忠誠度的真正強勢大品牌。市場上很多赫赫有名的品牌的成功，實際上還只能算是初級的成功，是膚淺品牌。當一個品牌在消費者的心中只是有知名度，而在認知上卻沒有太大的差異與個性，那麼說明這個品牌還處於初級階段，是個膚淺的品牌。

為什麼這些企業缺少強勢品牌？其根本原因在於，這些企業把做品牌和做銷量混為一談。不少企業對於品牌策略十分陌生，對品牌策略的知識十分淺薄，甚至銷售額上百億的公司的行銷高層都無法清晰回答，創建強勢品牌的關鍵要素是什麼。更有急功近利之人認為只要把產品賣出去就是做好了品牌。還有很多企業品牌總監也無法清晰回答出企業品牌管理的主要職責是什麼，平常忙的工作卻是策劃實施行銷廣告策略，與市場總監沒有什麼區別。果真如此，又何必存在品牌策略規劃與管理呢，企業只管做好日常的行銷廣告不就萬事大吉了？不懂品牌策略的根本原因，就是沒有從根本上理解品牌的本質。

而國際大品牌服裝，每個品牌都有鮮明的個性：登喜路（Dunhill）是奢華的；凡賽斯（Versace）是詭異而性感的；

亞曼尼（Armani）是簡約的。其他行業的強勢品牌也都有清晰的品牌個性，如 BMW 是「駕駛的樂趣」、賓士是「莊重、豪華、舒適」，Volvo 是「安全」；同屬於 Swatch 公司的歐米茄（OMEGA）、浪琴、雷達更是個性紛呈，浪琴的「優雅」、歐米茄的「成功者與名流」、雷達的「永不磨損恆久愛情」等。每個品牌都風景獨秀、獨占山頭，絕不會與競爭對手重疊。這就是真正強勢品牌的差異化。

品牌不是依靠廣告

有些企業的老闆和行銷管理者都曾經這樣感嘆：「想做品牌卻沒有錢打廣告」，認為「做品牌，無非就是提高知名度，提升市場銷售業績」。還有人覺得「中小企業沒有能力做品牌，只有企業強大了才能做品牌」。似乎品牌建立等同於廣告運作，其實這是走入了盲點。廣告能夠吸引大眾的注意力，迅速傳播訊息，表達情感訴求，對消費者進行說服並指導購買，從而創造流行與時尚。不可否認，廣告在品牌建立中是非常重要的，因為廣告是品牌行銷的一個重要手段。但是廣告不是品牌建立的唯一工具，僅僅依靠廣告是無法創建真正的品牌的。廣告能夠快速提高品牌的

知名度和關注度，誘導廣告的受眾進行嘗試性的購買，使消費者在短期內迅速認知並嘗試品牌，從而提升銷量。但品牌絕不僅僅是這些，因為品牌與消費者的信譽、忠誠度以及品牌的文化與內涵、精神與氣質以及品牌的價值和品牌聯想等，都不是廣告所能打造出來的。廣告只會把品牌的成本愈砸愈高，一直高到客戶買不起。品牌並不等於廣告，因為廣告只能砸出知名度，如果「高知名度」與「低信譽」結合在一起就成為「惡名昭彰」，這也就說明品牌不是單靠廣告塑造的，依靠廣告轟炸來塑造品牌的時代已經一去不復返了。

品牌是人人服氣的口碑相傳，品牌之「品」就是眾口相傳，「牌」則是有定位有文化內涵的。品牌是需要在漫長的時間中檢驗的，帶有深厚的文化和精神因素在裡面，但是很多人都誤以為廣告就等於品牌，實際上做廣告會增加很多的成本。認真思考一下做廣告的原因是什麼？如果企業的產品方方面面都很好，而且也是客戶所需要的，但是客戶卻不知道在哪裡才能找到這種產品，這時候所做的廣告才是有用的。可是現在的很多企業，甚至連有沒有客戶、要不要產品都不清楚，卻一味去打廣告，即使打出了知名度又有什麼用呢？在沒有明確的目標消費者的情況下，客

戶並不了解你的產品會帶來怎樣獨特的價值，有沒有可持續的優秀的品質、團隊和文化內涵，那麼廣告只會給你的企業帶來增加成本的知名度，而這個成本最後一定會轉嫁到客戶的頭上，那麼客戶有責任為看廣告而付錢嗎？就憑你有知名度？這是完全沒有必要的，因為客戶還有更多的、更好的選擇。如果廣告只是提高了知名度，那麼效益又在哪裡呢？

　　事實上，幾乎沒有一個品牌是依靠廣告獲取成功的。電視廣告，僅僅是產品銷售的短期成長，而不是品牌價值的增值。在消費者心目中，這些品牌在狂轟濫炸的廣告背後，建立的是怎樣的品牌權益？有的企業還把打造企業品牌與拍好廣告劃上等號，還要設計一套具有國際時代感的 CI 手冊，把做品牌理解成為企業創名牌、打響知名度。一些企業則擎起「品牌策略」的大旗，卻並不了解「品牌策略」的真正含義，只是大打各種形式廣告用以加強品牌建立。再就是找到好的經銷商，有較高的市占率，可是行銷卻並不理想，於是大做促銷，但是促銷一過就又銷不動了……其實這些都是品牌建立層面存在的操作盲點，如今有多少企業、多少品牌建立，依然在走這樣的彎路！

　　品牌並不是靠廣告打出來的。創建一個品牌，又何止

是廣告那麼簡單？要知道，世界 500 大的企業，有一半以上都是幾乎不打廣告的。

品牌行銷實戰專家認為，品牌不是單一的某個方面，而是整體與細節的雙重表達，是所有因素的總和。要產品好、包裝好、概念好，還要廣告拍得好、行銷通路好，但是只有這些還是不夠。品牌是消費者認知中的總和，是從產品的性能、品質、包裝、形象、價格到行銷環境，包括商品陳列、廣告的氣質與風格、賣場的氣氛、銷售說辭、服務態度、企業形象與聲響、媒介輿論、大眾口碑、員工行為等所有的一切，這些構成品牌的點點滴滴，都會影響人們對一個品牌的理解和印象，最終影響消費者的購買決策。

如今消費者的選擇多元化，所以即使只是某一個點的不足，都有可能使消費者棄你而去。因此要想成功，就必須和那些成功的國際品牌一樣，高度重視品牌的全面建立，對每一個細節都要竭盡全力打造。隨著市場的不斷升級與媒介環境的千變萬化，品牌的傳播也在不斷進化，所以品牌的傳播就需要更加專業化的精細運作，要在整體的規劃和設計之下，進行理性的廣告運作，要合理運用各種傳播管道和媒體組合，從多角度以多種形式進行品牌行銷。

品牌的知名度不代表忠誠度

　　品牌知名度，是指潛在的購買者記起某類產品品牌的能力。品牌知名度是企業重要的品牌權益，但是僅憑品牌的知名度卻無法增加企業的銷售額，對新產品更是如此。因而在競爭激烈的細分市場中，不僅要提升品牌知名度，更要使企業品牌的知名度產生實際的銷售收益。很多企業如今已初步建立了品牌知名度，產品也有了一定的市場占有率。但是縱觀企業，大多對品牌缺乏長遠經營的整體規劃。許多品牌打著做「百年老字號、常青樹」的口號，卻無法預料未來，有太多的品牌過早結束了生命歷程。實際上，品牌建立的過程與人的成長過程很相似，如果任何好高騖遠、急功近利等人性上的弱點或多或少存在於品牌建立中，就會縮短和加速品牌的生命歷程。

　　在品牌最初建立時，人們習慣上把廣告宣傳看作是品牌，卻完全忽視了策略決定企業、企業又影響品牌的相互關係。換句話說，品牌也就是企業。品牌管理要納入企業的策略規劃之中，學會用策略的理念來管理企業的品牌。正如西方有句名言「名牌對愚者來說已大功告成，是終點；對智者來說才剛剛開始，只是暫時領先」。如果一家

企業的策略有問題，那麼企業品牌形象宣傳做得再好、知名度再高，也是無濟於事。每一個著名品牌的長盛不衰都和企業行銷策略的所有環節連繫在一起。創建品牌不能侷限在樹立形象上，而是在如何做好每件事中呈現品牌管理的標準，在客戶的期望和實際提供的服務之間，達成一種平衡。

在實施品牌策略的過程中，品牌管理面臨的挑戰是「滿足顧客自己不知道的需要」。品牌的市場是由目標消費者的口碑來決定的，品牌的價值取決於目標消費者對企業承諾的感受，是由信任程度和所持續的時間來決定。也就是說，一種品牌的目標客戶群愈大，消費選擇的時間愈長，那麼該品牌的顧客忠誠度也就愈高，品牌價值量也就愈大。由此可見，企業品牌價值是源於顧客對於品牌的忠誠度。

所謂的品牌忠誠，實際上就是顧客對品牌感情的一種量度，是指顧客從這個品牌轉向另一個品牌可能的程度。如果某種品牌的商品或服務與其他品牌形成競爭的局面，那麼目標消費者的品牌信念是否動搖就是檢驗品牌忠誠度的關鍵。消費者對品牌的忠誠度愈高，目標消費者受競爭者的影響就愈低。當然，目標消費者在此時忠於一個品

牌，並不意味對這個品牌永遠忠誠，而不轉向另外的品牌。對品牌來說，忠誠顧客的價值是非忠誠顧客價值的 9 倍，有一大部分品牌商品的銷售量，就是來自那一小部分對品牌高度忠誠的顧客。顧客對品牌的忠誠度愈高，企業的品牌利潤成長就會愈明顯。由此不難看出，品牌的價值並不等於企業為樹立品牌地位而進行的那些前期投入，品牌價值的關鍵在於目標消費者對品牌是否忠誠。但是品牌的顧客忠誠度並不等於品牌的知名度。

品牌忠誠行銷，是企業提高品牌權益價值的唯一途徑。品牌忠誠行銷的目標，就是要維護好對品牌忠誠的顧客，並且要不斷爭取更多的品牌忠誠顧客。企業應當立足於品牌忠誠行銷的角度，因為單純的銷售並不是企業行銷的最終目標，企業要在行銷中與目標消費者建立一種合作夥伴關係，所以不僅要贏得顧客忠誠，還要掌握使顧客長久保持購買欲望的技藝，這樣才能把購買者轉化為品牌的忠誠者。也就是說，企業在行銷中一定要採用一切可能的辦法來吸引、維護和加強消費者對品牌的忠誠度，才能培養維繫最有價值的目標消費者。因此，企業為消費者提供高品質的產品和優質服務的同時，還要努力塑造品牌個性，以達到吸引消費者的目的。

美國一位品牌專家說：產品是企業生產出來的，而品牌則是由消費者的心理認知在市場上產生出來的。一個品牌要想被消費者接受和認知，那麼就必須具備核心價值和品牌個性。如果不具備這兩項基本要素，那就只能是產品。品牌管理不僅監管產品品質，還要從企業文化中提煉核心價值以引起目標受眾的情感共鳴，並將它負載於產品的整合傳播中，在日積月累中形成不同於競爭對手的品牌個性。由於產品的同質化傾向愈來愈強，品牌唯一能夠區別於競爭對手而不被淘汰的，只有由品牌價值與個性構成的品牌生命，而這種品牌生命的基因形成了品牌最重要的附加價值。但是深究很多品牌卻很難找到核心價值，存在著對消費者的利益承諾含糊不清、品牌個性不夠鮮明等許多問題。由於訊息混亂，就會造成品牌不容易被識別。核心價值得不到釋放，客戶就會無所適從，也就更談不上忠誠度了。所以，企業要在產品功能、銷售策略、廣告傳播等所有面對消費者傳達品牌資訊時，都要呈現品牌的核心價值，用品牌核心價值來統率企業的一切行銷傳播活動，才能使消費者深刻認同並牢記品牌。

企業經營者更要擅於在眾多的顧客中，識別那些品牌忠誠者，在吸引、培育和開發中建立一個品牌忠誠顧客

群，並時時注意維護。不斷地贏得品牌忠誠顧客是一個循序漸進的過程，需要企業品牌行銷人員耐心細緻、持之以恆地開展品牌忠誠行銷，重點是要突出產品或服務的品牌特色，要在細分市場、特色服務、超值享受等各個方面做足文章。正是基於此，美國運通（American Express）創立的品牌核心客戶，可以被稱為非常成功的商務旅行者，他們提供的核心產品是旅行支票和賒帳卡。這些產品基本上實現了品牌的所有承諾，以上乘的服務、安全可靠、全球通用、承認與尊重來維護客戶的忠誠度，將品牌忠誠客戶群的需求和期望與品牌自身所提供的主要產品緊密地結合起來。這家已經走過了一個半世紀的公司，如今成為《財星》雜誌公布的全球 500 家最大的跨國公司之一，並且是紐約證券交易所代表道瓊工業平均指數的 30 家公司之一，也是世界上最大的獨立發卡機構之一，在全球有 4,300 萬張卡，消費金額超過 2,100 億美元，是全世界最受尊崇的品牌之一。

企業行銷人員不僅要重視、發現和培養購買前的目標消費者的品牌忠誠，而且更要在其購買後強化消費者對品牌的忠誠意識，如透過提供滿意的，甚至超乎滿意程度的售後服務來突出品牌的概念，從而強化目標消費者對品牌

的信任情感。企業一定要切記，銷售不是唯一目的，建立
消費者的品牌忠誠度才是企業發展的長遠打算。品牌忠誠
度是憑藉企業自身的做法，不斷地為消費者提供優質產品
和服務，與消費者進行良好的溝通與互動，逐漸取得消費
者對品牌更深層的認同，最終獲得消費者的好感，形成長
期的信任與支持。品牌忠誠度的建立不是一朝一夕的，是
一個長期而緩慢的過程，需要企業幾年、十幾年、幾十年
甚至上百年持之以恆地堅持與堅守，才能不斷提升品牌價
值和顧客忠誠度。

做品牌不分企業大小

很多小企業往往完全忽視品牌的建立，這樣就可能給
企業的成長帶來各種危害，小企業在經營中幾乎都以銷售為
主，有的企業產能有限，技術也禁不起考驗，為達到一定量
的目標，他們往往可能降低品管標準以次充好，從而導致產
品的品質不穩定。一些小企業為了能夠活絡資金，採用低價
銷售庫存產品的短期行為，極大地損害原有的品牌形象。如
一家製作飲料的小企業。由於行銷得當，產品上市後銷售非
常火紅，以至於供不應求。企業沒有更多的原料提供生產，

就臨時低價收購未經檢測的原料，以解燃眉之急。結果在一次聯合檢查中評定為不合格產品，於是經銷商紛紛退貨，最終以全線告退收場。另外很多小企業缺少整合品牌的觀念，往往在延伸產品時，只要有錢賺就盲目上馬，極大浪費了品牌資源。還有的小企業輕視品牌的保護，這種現象在企業尤其是小企業中非常普遍，等到自己的產品打出了知名度，才發現商標早已被其他商家搶先註冊，那時已悔之晚矣！拚搏在市場底層的小企業，像這樣的例子比比皆是，都是在企業發展的路途上，遇到了品牌建立的瓶頸，到了這個時候才幡然醒悟，原來品牌是不分大小的，小企業也同樣需要做好品牌。小企業要樹立怎樣的品牌觀？在企業發展中品牌又該發揮怎樣的作用呢？

小企業要想做好品牌，首先就要保證產品的品質，要讓生產的產品成為貨真價實、恆定如一的標誌，所以不論在什麼樣的情況下，都要首先做到這一點。因為消費者是不能被欺騙的，只有真誠以待，才能得到長久的情誼，而這種情誼也是品牌的重要資產之一。就是因為能夠保證穩定而良好的產品品質，才能在經歷多年的風風雨雨後，仍然屹立不倒。小企業還要竭力創造品牌的附加價值。隨著市場的發展、成熟，產品同質化的狀況也會愈來愈嚴重。

產品的功能、包裝與外形都是可以模仿的，但是唯有精心打造的品牌是獨一無二的，好的品牌，能夠幫助消費者在繁多的商品中，迅速地做出購買意向的判斷。小企業在品牌產品的發展過程中，應注意品牌附加價值的創造累積。當然，這是一個複雜的長期工程，不可能一蹴而就。小企業尤其要在發展初期，就應該意識到創建品牌，制定一個長期的品牌策略目標。相比之於行銷目標，品牌塑造目標更為艱苦和漫長。但是，「前途是光明的，道路是曲折的」，小企業只有心存高遠，才能把握市場機會，才能在精心的品牌打造中，完成一次又一次騰飛。

如今已有愈來愈多的中小企業，開始著力打造企業品牌。有投巨資做品牌宣傳的，有在品牌 CI 上下工夫的，有做秀吸引大眾眼球的，市場變得熱鬧紛雜，喧囂過後發現品牌的知名度的確是提高了，但名牌並沒產生效益，並沒有贏得大家的喜愛，沒有達到促進銷售的目的。這並不是一個真正優秀的品牌所應得到的結果，所以，小企業要想打造真正優秀的品牌，就必須具備如下條件：

▶ 品牌要能夠促進產品的銷售

市場檢驗品牌的重要標準，就是品牌能不能產生實質性的價值收益，因為任何無法創造銷售與利潤的品牌，都

是毫無意義的失敗的品牌。所以品牌的成功與否是由市場和銷量來決定的，企業效益是衡量品牌價值的第一標準。如雀巢咖啡在全球平均每秒鐘就被喝掉 4,000 杯，這種品牌影響力是多麼強大！可是你知道嗎？這種產品的口味與其他咖啡並沒有明顯的差異，甚至不比親手調製的咖啡更可口。

▶ 品牌要有抵禦市場風險的能力

可口可樂的老闆曾經誇下海口：「即使全球可口可樂工廠在一夜之間都被燒毀，也完全可以在 1 個月內恢復正常的生產銷售。」為什麼可口可樂會有這樣十足的信心呢？因為銀行會毫不猶豫地為可口可樂公司貸款重建。為什麼？就是因為「可口可樂」這四個字，代表著信譽、價值和消費者的需求，這就是品牌的價值；因為「可口可樂」這四個字，全球的通路商會毫不猶豫先款後貨銷售他的產品，消費者也會衝著「可口可樂」這四個字，一如既往地購買。

▶ 品牌要擁有大量高忠誠度的顧客

對每一個品牌來說，消費者的忠誠度都是最難得到也最渴望得到的。而每一個優秀品牌都有大量的忠誠顧客在追隨。就像微軟，幾乎全球的電腦用戶，都使用過微軟的

操作系統和各種應用軟體。之所以能夠毫不猶豫地購買產品，主要是得益於品牌的魅力。微軟的品牌價值早已超過 500 億美元。

盲目擴張的風險

　　21 世紀是全球品牌縱橫的世紀，品牌已成為當今企業最有升值潛力的無形資產，因而品牌擴張，已經成為現代企業發展、品牌不斷壯大的有效途徑。但是有些企業在品牌的賣相還沒有建立起來、品牌還沒有被消費者完全認同的情況下，就開始盲目籌建新的項目，不斷開發新產品，利用並不存在的「品牌優勢」，妄想遍地開花，結果卻只有面臨著死路一條。品牌的賣相就是一個品牌在消費者心中的心理定位，這是靠許多綜合因素才能形成的品牌效應，如品牌的知名度、信譽、忠誠度等。

　　企業如果利用品牌優勢來延長或擴充產品線，不僅可以節省很多資源，使新開發出來的產品能夠迅速得到市場認知，而且還可以透過不同產品的生動組合，給品牌以更強而有力的支持，使品牌所支撐的體系也變得強大起來。但是，如果這種品牌還未得到消費大眾的認知，或者在消

費者的心目中已經有了一定的知名度，但是消費者卻不去購買這個品牌的產品，也就說明這種產品的品牌賣相很差，並不具備較高的品牌優勢。在品牌的賣相並不是很好的情況下，如果過早地實行品牌擴張，那麼這時候所產生的負面作用可能會很大。

如，有一種保健產品是區域性知名度很高的品牌，在一些地區的信譽也比較好，在另一些地區的品牌知名度就差一些。於是有人就想利用這種產品的品牌優勢，開始生產一種女性化妝品，結果在這種牌子的保健品比較好的地區卻沒有賣起來。經過調查才知道，原來消費者並不相信這個品牌的化妝品會好。

但奇怪的是，選擇在保健品知名度比較差的地區銷售同一品牌的化妝品，結果卻正好相反，銷路非常的好。為什麼對保健品的認知率高的地區，卻無法利用這個品牌經銷化妝品，而認知率低的地區卻反而很好呢？原來是因為品牌的認知率雖然很高，但品牌的賣相並沒有提升到相應的高度，而認知率低的地區，卻有信譽等方面可以支撐品牌，品牌優勢的相關因素都較完備，所以品牌的綜合指數就很高，這種品牌下推出的新產品才能走向市場。

企業品牌的擴張實際上是一門學問、一種技術，也是

需要運用一些合理的方法才能成功的。眾多企業在當前的市場格局中紛紛利用品牌擴張，來使企業銷量迅速增加、實力得到加強和聲威不斷壯大，他們的確獲得了很好的經濟效益和社會效益，企業的各方面工作都得到了強化。然而，也有一些企業盲目運作，在品牌擴張中由於缺少正確的策略，造成了不利於企業發展的後果，對品牌的發展往往也會產生一些不良的影響，這樣的品牌擴張，不但無法為企業增加任何效益，反而還會使原有的品牌為其所困，更使企業傷痕累累甚至最後一蹶不振而倒閉。

盲目的實行品牌擴張，只會導致企業後患無窮。這樣的例子比比皆是。但是，在品牌擴張中取得成功的例子也很多，如山葉公司（Yamaha）最早是日本的一家專門生產機車的廠商，後來才利用品牌優勢，向鋼琴、電子琴、音響等領域的市場進軍，山葉公司利用品牌優勢拓展市場的這種做法，就是典型的品牌擴張行為。再如美國桂格燕麥公司（Quaker Oats Company），從卡邦・克倫茨牌的乾麥粉開始起步，實行品牌擴張，推出了卡邦・克倫茨牌的雪糕；而麥當勞則利用其品牌優勢，全力實施特許加盟、連鎖加盟，在全世界範圍內實行品牌擴張，都取得了巨大的成功。

案例解析：美國格蘭特，因盲目擴張而倒閉

　　美國有一家非常著名的日常用品零售公司，叫作格蘭特。這家公司的創辦人是生於 1876 年的威廉‧格蘭特，他非常有經營才華，19 歲那年就掌管了波士頓公司的一家鞋店，後來，威廉‧格蘭特白手起家，拿出自己全部的積蓄當作資本，投資 10,000 美元，在林思市開設了他的第一家日用品零售店。他從小本經營開始起步，兩年後開始在美國的一些城市裡，分別開設多家格蘭特連鎖店，使他的銷售收入也在不斷增加。就這樣，公司在一步步發展壯大，到了 1960 年代，格蘭特連鎖店的年銷售收入，已經接近了 10 億美元大關，成為美國非常知名、屈指可數的大企業，在經濟大潮中展現了一段輝煌的歷史。但是這家零售公司，在經過 70 年左右波瀾起伏的經營歷程後，由於公司決策者的失誤，在經營目標選擇上做出錯誤的判斷，致使這家公司慢慢由盛至衰，到最後只能以倒閉而告終。

　　在零售業競爭十分激烈的情況下，格蘭特公司認真研究了市場銷售的定價策略後，便將公司經營的日用品價格策略，定位在 25 美分 —— 既高於等級比較低廉的「5 美分店」和「10 美分店」，又大大低於普通百貨公司的價格，但

所出售的商品卻與百貨公司是一模一樣的。而且格蘭特公司陳設的商品格局，比廉價的「5 美分店」和「10 美分店」的等級要高很多。這樣商品與價格的定位，很快就吸引了那些經常到百貨公司和廉價商店購物的顧客，就這樣，格蘭特公司的業務迅速地發展起來了，他的連鎖店一直開設到了百餘家。格蘭特公司發展的速度，很快就遠遠地超過了當時的行業老大 —— 西爾斯公司（Sears）。

然而創下了傲人業績的老牌公司格蘭特，卻開始了盲目的擴張經營。到 1972 年的時候，格蘭特公司新開辦的商店已經達到了建店時的兩倍。然而一年之後，到 1973 年 11 月的時候，格蘭特公司的利潤卻只有 3.7%，這個數字在各零售商中來說，都算是最可憐的了。很顯然，是盲目發展導致了最後的災難發生。1973 年，格蘭特全年的營業額並不低，甚至高達 18 億美元，但是連鎖店的利潤卻只有 8,400 萬美元，竟然降低了 78%，這是這家公司自 1967 年以來，連鎖店利潤最低的一次，連股東資產淨值盈利也由以前的 15% 降到了 5%。更糟的是，格蘭特公司的長期債務，由 1970 年時的 3,500 萬美元增加了很多倍，高達 2.22 億美元，甚至短期債務也增至 4.5 億美元。在這種情況下，格蘭特公司依然不斷擴大連鎖店，到 1974 年已

經猛增到 82,500 家，竟然是 10 年前的 1,000 多倍。但是
這種市場前景卻並不被看好，因為格蘭特公司的銷售額，
並沒有隨著這些連鎖分店的增多而擴大，情況恰恰相反，
每家連鎖分店的平均銷售額卻在急遽地下降，甚至是連年
入不敷出，以至於格蘭特公司債臺高築，在 143 家銀行都
有債務，債務額高達 7 億美元，公司的信譽開始急遽地下
降。到了最後，格蘭特公司終於資不抵債，於 1975 年 10
月 2 日，按照美國聯邦破產法提出了破產申請。到了第二
年 2 月，格蘭特公司就倒閉了，8 萬多名員工也因此而失
業。格蘭特公司的破產，成為美國有史以來的第二大破產
公司，同時也是零售業最大的一個破產公司。

　　格蘭特公司由於忽視對市場容量的調查與分析，也不
重視對競爭對手進行實際情況的調查，一味盲目地追求規
模膨脹而大肆擴張，結果模糊了企業的經營目標方向，最
後掉進一個負債行銷的陷阱中，最終在短短幾年的時間
裡，就宣告了破產。面對市場競爭做出這種錯誤的決策，
必然導致失敗。一些企業為了實施品牌策略，提升品牌形
象和提高企業的實力，選擇從品牌擴張與企業橫向發展入
手，因而也就必然走規模經營發展的路子。然而，企業在
制定和實施規模經營策略的時候，必須在正確的思想指導

下，有計劃、有步驟地進行決策，對事物內部矛盾要根據實際情況進行具體分析後，再確定經營目標。就是說，建立經營目標必須從客觀實際出發才有可能走向成功。只有透過客觀地分析具體情況，才能避免決策失誤。格蘭特達到了規模化經營的目的，卻無法形成規模優勢，反而駕馭不了這種擴張後的規模，必然會成為因盲目擴張而倒閉的犧牲品。企業在決策規模化發展的時候，一定要在確保經營特色與企業形象、品牌形象的基礎上，使企業經營規模化發展，能夠維護與提高企業形象和品牌形象。而良好的企業形象和品牌形象，加之鮮明的經營特色，有利於企業的規模化發展，這兩者之間是互相促進的。如果不是這樣，那麼就會像美國的格蘭特公司那樣，因盲目擴張而使經營了 70 多年的名牌老店轟然倒閉。

第九章

品牌的行銷

　　品牌行銷是指企業透過利用消費者的產品需求，利用品牌的品質、文化和獨特性的宣傳來獲得消費者的認可。品牌行銷從高層次上講，就是把企業的形象、知名度、良好的信譽等展現給消費者，從而在消費者的心目中形成對產品或品牌的印象。

品牌需要販賣

　　企業要發展，必須要做品牌。因為把握住品牌的塑造，企業才能長期獲得遠大的收益。如果把產品歸結成利益，就會知道產品賣的是什麼。但是品牌的利益卻無法一下子歸結出來。這時就需要用漫長的時間去累積。這種累積實際上是隱藏在消費者的心中慢慢變化的，會逐漸轉變為消費者的思想感情，當累積到一定程度、從量變到質變的時候，也就產生了品牌。因為消費者的情感是可以轉變為價值的，這就是品牌能夠販賣的原因所在。而品牌所販賣的是心靈的情感，這種美好的情感是任何人都需要的。並且，品牌本身也是有要求和標準的，要針對不同對象的不同特點，塑造獨特的品牌特性，只有契合了目標消費者的情感利益，所展開的行動才是合於理念的。由於不同對

象,所選擇的方法也不相同,這不是一成不變的。正如品牌的利益往往凝結在不同的消費者的情感因素之中,企業販賣品牌恰恰是為了讓消費者接受,所以就需要用不同的表現形式凝結塑造不同的品牌形象。

隨著企業的發展,消費者對企業的整體感覺也會隨之發生改變。實際上企業在每個階段賣的東西都是不同的。站在企業領導者的高度,更應該認真看清楚,現階段的企業到底是在賣產品還是在賣品牌?實際上,很多企業家在走到這一步的時候,也會當局者迷,並不清楚賣產品與賣品牌有什麼不同之處。即便是已經從重視產品走到了重視品牌,也沒有徹底分清楚企業到底賣的是什麼,特別是那些技術出身的老闆。

企業在創業初期,最重要的是產品品質,因為這時候的產品是進入市場的敲門磚。但是經過兩、三年的行銷之後,如果還在依靠單線產品來與競爭對手作戰,那就遠遠不夠了。因為如今的消費更不會買帳,消費者「要買的只是有你們品牌的產品」。如果不是品牌,那麼對不起,消費者不會買帳,這就是現實的市場狀況。如今的市場,已經進入到一個品牌攻堅的高層次市場階段。市場上的品牌比比皆是,如全球銷量第一的吉列刮鬍刀品牌,曾經一推向

市場就立刻風靡歐美。因為這種刮鬍刀品牌的超級藍系列產品方便快捷、頗有特色，上市初期產品的品質與特色就是第一銷售力。但是發展到一定階段之後，就逐漸變為不僅僅是產品，而是形成了吉列這個品牌，很多人只是因品牌而買產品，所以到了這個階段，吉列不僅賣產品，更是精心打造品牌、販賣品牌，所以很快成為全球最受歡迎的刮鬍刀。

如果企業無法認清自己所處的發展階段，就發現不了市場消費者的不同需求。沒能理解賣產品與賣品牌之間的微妙關係，就不會懂得適時打造品牌、販賣品牌，只是一味推銷產品對企業的快速成長是沒有好處的。所以，任何想快速發展的企業，都要分清自己處於哪一種發展階段，到底是賣產品還是賣品牌。在企業創業初期，產品只能是產品，只是工人生產出來的一種有形的實體。需要靠禁得起考驗的產品品質打開市場，得到更多消費者的信賴，形成自己的品牌。

但是企業也在不斷發展著，隨著企業發展階段的不同，特別是快速發展的情況下，產品所替代的角色也在發生著微妙的變化。因為，產品中不含有消費者的感情因素。從現代西方的「Brand」到當今的「品牌」，這個詞出現

的時間也不算短了，各行各業的領導者也常常把「品牌」掛在嘴上，但是真正能把品牌角色和對品牌的認知深入到市場運作中的人卻很少。有的領導者一聽說某品牌賺了錢，馬上就花錢做品牌，最後卻發現，不但沒賺到錢反而還賠了錢。就是因為他對「品牌與產品」之間的關係沒有充分認知，以為做品牌就是花錢去砸廣告。

不妨試想一下，如果可口可樂不再做品牌，耐吉不再投資媒體也不再打廣告，甚至寶僑、聯合利華通通都不再做品牌，那這個世界就會大大退步，進入到低層次的原始競爭，市場硬碰硬，拿產品進行肉搏戰，消費者每天都要花大量時間挑選產品。所以品牌是不能不做的，而且必須要記住，品牌是企業進入快速發展階段的重要標誌。而且品牌是有感情的、是熱的，是能夠與消費者直接溝通的。而產品只是冷的物件，每一個產品都要讓消費者產生購買興趣，而購買興趣就是來源於企業打造的品牌是否能對消費者的胃口。

如美國蘋果公司生產的 iPod 播放器和 iPhone 手機，這兩款產品外形設計得相當漂亮，產品都是一流的，所以有人會說消費者就是要買它的產品。但是如果沒有蘋果在全球產生的品牌效應，沒有蘋果在全球花巨資進行的全方

位品牌包裝，沒有媒體狂熱地追捧，沒有刻意打造的神祕而高品味的定位，又哪會使這兩款產品在全球上市的第一天就達到瘋狂的銷量。這就是蘋果在販賣他們的品牌。蘋果一直在賣品牌，而不是產品。

現在太多的企業家或者領導者都在思考品牌的力量。透過品牌銷售讓產品暢銷多年，企業也會迅速發展。品牌就是產品市場高層次的價值延續。從表面上看產品和品牌是同樣的，其實兩者之間的差異非常大。一個快速發展的企業如果沒有跟上品牌發展的意識，往往就會失去良好的市場機會，有時這可能是致命的。

主動行銷

在行銷變革日益活躍的今天，品牌行銷進軍國際市場不再是大企業的專利，中小企業也迎來了新的發展契機。品牌行銷是基於人們的「交往互動、口碑和社群關係」的傳播，每個人、每個社群都可能成為品牌行銷的管道，從自主的興趣到互動的體驗，再到廣泛擴散……這種品牌行銷的管道是近乎無限的。由於個人和群體都有各自的興趣主題，注意力也無需依賴大的媒體，所以傳播的能力也是無限的。各

種傳播互動管道正在日益發展，無限的個人傳播、無限的族群互動的有效疊加將形成品牌行銷的未來價值。

縱觀企業的發展，企業經歷了以產品行銷為主的時代，如今已進入品牌主動傳播行銷的時代。到底什麼樣的行銷才是真正品牌行銷模式？如何才能讓消費者更多關注企業的文化內涵？其核心就在於企業講了一個怎樣的故事，傳播什麼樣的理念。品牌行銷漸漸擺脫「與銷售相關」的狹隘指向，而致力於建立間接卻穩固的消費者關係。企業透過為消費者提供各種和品牌的內涵相關的免費服務，從過去那種為消費者簡單做賣商品的「賣家」，變身成為消費者貼心服務的「管家」；從過去向消費者介紹產品的優點，變成讓消費者為企業和品牌所感動，進而成為企業品牌的主動傳播者。因此，在消費者愈來愈依賴各種服務的今天，企業在品牌行銷中需要發揮自身的「管家技能」，從舊式的兜售產品或服務轉型為消費者日常生活的貼心助手。從對產品的販售轉向為企業品牌的文化輸出，從而提高消費者的情感因素與忠誠度。借助於頻繁的互動，使品牌用戶更容易享受到各種服務，行動通訊的爆發式發展，使企業在品牌經營中能隨時隨地為消費者提供服務，因此傳播無處不在。

　　品牌行銷能幫助消費者形成互動體驗，建立有效連繫，隨時進行彼此交流，從而成為品牌行銷的主題。如今愈來愈多的品牌開始為顧客建立線上社群，圍繞特定的主題分享和交流資訊。在品牌行銷的領域，各企業做足了功課。如耐吉推出的 Nike+ 跑者社群，如今已經成為擁有 300 多萬來自世界各地的跑步愛好者的世界上最大的在線平臺。跑者能夠隨時了解自己的運動時間、距離、熱量消耗，還可以將這些數據上傳到 Nike+ 社群，與其他愛好者分享或是競賽。這種成功的經驗是可以複製的。

　　企業要打造品牌文化理念，贏得消費者的認同感。在企業品牌行銷時代，企業要在形成廣泛價值認同的基礎上，幫助消費者建立品牌認知，形成良好的記憶與印象，從而擁有品牌價值的認同感。因此，企業要建立持續性的企業價值和品牌價值理念，核心點就是幫助顧客建立一種健康良好的生活習慣和理念，督促和引導消費者進一步改善生活方式，這樣消費者就會產生依賴度和喜好度，從而形成深刻記憶，變成對品牌的忠誠度。做品牌行銷首先要「自省」，先要解決企業內部各環節與客戶的銜接問題，要盡量滿足客戶的需求，深度研究所遇到的障礙，把滿意與不滿意之間的反差降到最低。這樣就能在前期投入不增加的情況下，大幅地提高

與客戶成交的比率，客戶的忠誠度比值也會隨之大幅提高，而這才是真正實現品牌行銷的王道。

由於市場上的品牌愈來愈多，為了獲得生存和發展，各企業不得不主動搶奪有限的市場占有率。於是企業開始主動開發一系列的品牌行銷活動。很多終端經銷商都能意識到，在重重的競爭危機下，企業必須組建主動品牌行銷團隊，在統一管理和指導下協調一致地發揮作用，從而成為撬動市場的銷售利器。要想使企業品牌行銷從被動變為主動，企業應該從以下幾個方面著手：

企業領導者者首先要有明確的態度，因為品牌的行銷團隊是需要真正發揮作用的，而不是為了趕時髦，或是給自己內心一個安慰而成立的。要想使主動行銷活動施行得有聲有色，企業領導者者就要親自監督和管理品牌行銷團隊。還要委任專門的負責人員進行具體的主導，才能使品牌主動行銷具備強而有力的作戰能力。如果不實施具體的管理和指導，團隊就會缺少凝聚力。團隊若是無法找到行之有效的方法，也就很容易迷失方向。這樣就會造成人員的浪費，使員工養成懶惰的習慣，形成不良的工作作風。

建立了品牌行銷團隊，就要給予團隊明確的工作目標。沒有目標的團隊會變得散漫浮躁，就會像無頭蒼蠅一

樣無所適從。要想讓團隊人員靜下心來做事，就要制定詳細的工作目標，並且要把目標進行細分到每個人員頭上，團隊人員再根據總目標來分解自己的目標，找到屬於自己的方法展開和推進工作。最好還要有指引工作開展的詳細方法，因為團隊人員的執行力強弱主要取決於他們對目標是否清晰，如果缺少解決問題的方法，就會導致執行力很差。所以不管團隊人員是否有工作經驗，都要以正確的工作方法進行指引。只有在目標明確的情況下給予正確方法的指引，團隊人員的執行力才會不斷加強。

　　在此基礎上，企業還要營造一個良好的團隊工作氛圍，因為除去工資和晉升空間，團隊人員最在乎的就是工作氛圍。就算工資再高且有很好的晉升空間，但如果團隊人員在這個環境裡工作很不開心，那麼他也會寧願選擇離開。即使工作環境很艱苦，可是如果工作的氛圍營造得很好，團隊人員就會非常了解自己缺乏什麼、需要學些什麼、怎麼去學、向誰學，大家都清楚自己的情況，不斷朝著自己的目標前進。而且如果整個工作氛圍都充滿積極向上的氣氛，那麼大家都會爭先恐後地努力工作，即使工作時間較長、工作很累，可是如果內心總是充滿熱情和活力，每天都會以飽滿的精神狀態投入到工作中。營造好的

工作氛圍，就能使團隊人員秉持很好的工作態度。團隊還要樹立榜樣，在任何時候、任何情況下，團隊都需要榜樣，因為榜樣的力量是無窮的。透過樹立團隊中的榜樣，這個人的言行舉止就會帶動團隊的其他成員。讓員工來說服員工的做法，往往更容易讓別人接受，在他的影響下，別人也能把同樣的事情做好。團隊成員也會拚命的追趕這個榜樣，形成一種學習、追趕優秀的氛圍。

當然，建立品牌行銷團隊並不代表品牌主動行銷工作就能夠正常開展，品牌主動行銷要達到預期的效果，真正創造品牌價值、實現企業收益，保證企業銷售有序地進行、效益持續穩定成長，就務必要做好以上幾方面的工作。讓企業品牌在品牌行銷團隊的作用下，真正形成一種文化涵蓋、一種營運氣勢、一種自發能動的品牌意識，相信企業品牌行銷就會從被動行銷變成主動行銷。

行銷對品牌的影響

市場行銷是培育品牌的一個重要的環節，也是企業品牌實現產品價值的關鍵所在。品牌能夠推動市場行銷。要想讓企業行銷提高水準，一是要切實增強行銷的服務意

識。因為服務是企業的靈魂，是使市場行銷步入新階段的本質要求。所以企業要讓客戶與消費者滿意，並以此作為行銷工作的出發點和落腳點，為品牌的成長提供優質的服務。要加快推動品牌規模擴張，關鍵是要依靠市場、依靠競爭，才能更好地發揮市場機制的作用，使品牌與行銷全面加速發展，從而著力建構和營造競爭的品牌格局，達到異軍突起、後來居上的效果。其次是要緊緊抓住品牌培育這個第一要務。企業要加強對市場的分析和研究，全面了解品牌的市場表現和發展趨勢，才能隨時提出品牌改進和提高的合理化建議與意見，從而實施品牌的精準行銷，努力促進品牌的良好成長。為此，企業要認真探索新形勢下做好品牌宣傳促進行銷新的途徑。當然，這需要依靠企業行銷隊伍的團體合作，才能發揮更大的作用，推進企業行銷。企業只有深入開發市場、貨源、資訊等方面的業務合作，才能形成一股合力，全面提升企業的品牌與行銷。

品牌與行銷之間相互作用的最高層次就是品牌推動企業行銷，而行銷又能反過來影響品牌。眾所周知，品牌是企業經營者主體與消費受眾之間產生的心靈契合，是兩者共同作用下才能產生的一種心理產物，並不是單由經營者主體就可以獨自實現的，更不可能是商標持有人孤芳自賞

的設計和製作就能夠完成的。因為商標並不是品牌，品牌的成長是需要消費者受眾的廣泛參與，在積極互動中，才能最終實現品牌情感的認同和歸屬。從社會分工與發展的角度來看，企業品牌市場行銷活動是一項龐大的系統工程，怎麼可能僅僅依靠商標就能獨自去完成？這是需要一個行銷團隊的整體合作才能夠實現的。不僅於此，更需要所有的行銷環節，包括供應商、經銷商、購買者、消費者的普遍認同和大力支持。因此，為了能讓品牌快速成長，就必須創建企業與各個行銷環節共享的品牌行銷，讓參與的各方面都能夠在品牌行銷中取得自己應得的合理收益，讓所有的參與者都嘗到「甜頭」，都覺得有利可圖，這就是共同享有品牌所帶來的價值。讓所有的人都在心靈中烙下美好的印記，都成為品牌的利益關係者，那麼大家當然就會無比樂意地積極參與這種品牌的推動，才能不斷支持和培養品牌的建立，共同推動品牌的快速成長。品牌推動行銷，行銷影響品牌的利益共享，具有非凡的意義。

　　如某汽車品牌就是堅持「品牌提供價值，行銷創造財富」的行銷理念，強化品牌行銷，推進行銷「落地」，積極鞏固行銷中各個環節的策略合作夥伴關係，共同打造出強大的產業鏈，實現品牌價值的共享共贏、協調互利地發

展。該汽車品牌依靠持續創新的整體策略,使品牌內涵不斷成長,銷量也再創新高,在商用車市場中持續領先。

用某汽車品牌來說明品牌與行銷的關係:

▶ 品牌價值共享

該汽車品牌從單一輕卡起步,經過多年穩定快速的發展,實現了商用車全系列的橫跨,使品牌價值連年攀升。品牌的知名度和信譽也得到了穩健提升。尤其在品牌系統建立方面,該汽車品牌也在不斷地豐富和完善。同時也在營運價值鏈的應用與整合傳播等各方面取得了傲人的業績。始終與大眾實現利益共享,共同創造品牌價值,完成了廠商和客戶之間的利益共贏。使那些與該品牌息息相關、共同成長的經銷商、服務商與供應商都能夠從不斷提升的品牌價值中汲取養分,實現自身價值的增值與發展,呈現了人、車與社會和諧發展的價值觀。

▶ 創新行銷模式推動財富成長

面對國際化經營的需要,面臨日益激烈的市場競爭形勢,該汽車品牌不僅要即時掌握產業市場發展的新動向,而且還要積極創新行銷模式,不斷創造財富的成長點。該品牌積極調整產業結構,促進企業的全面升級,進一步

推進全球化的生產布局，建立和擴張生產基地到不同國家，建構和完善架構，實現從研發到製造體系全價值鏈的升級。

▶ 企業行銷的四大創新舉措

在企業行銷的創新方面，該汽車品牌重點實施四大市場的創新舉措。

1. 實現終端銷售模式的創新

   以品牌行銷為基礎，按照企業的業務規模進行大力推銷。以品牌的價值增益為基礎，圍繞著客戶這個中心內容，不斷增加產品展示及專業化培訓的功能。圍繞客戶的需求，對各種資源進行全面整合，從而實現資源的最佳化，建立更先進的銷售服務店，搭建與客戶之間的橋梁，為顧客的購買和使用帶來全方位的體驗。

2. 落實服務策略，使服務業務不斷創新

   建立「集團 +SBU」服務管理和海外服務的兩大體系。打造全球服務培訓、全球客服中心和全球配件物流三大平臺。提升工程服務、服務經銷、配件保障以及自產引擎服務、電動車及新業務服務和客戶關懷等六大能力。

3. 實現品牌行銷的創新

該品牌立足於品牌增益基礎，不斷提升品牌形象和產品的終端銷售能力。透過品牌策略轉型，使品牌實現標準管理模式。表現在終端店面的建立上就是，在整合行銷中使品牌行銷全面創新，從而不斷提升品牌形象，提高品牌行銷與傳播的營運能力。

4. 實現金融服務業務的創新，在保障資源的產品創新基礎上，全面促進終端品牌的行銷能力

將創新的金融服務貫穿於汽車產業價值鏈，從而形成能夠適應多業務、多層次，並且具有全球化行銷服務體系與業務支持的能力，從而在企業的品牌、通路、服務方面取得重大突破。

該汽車品牌在行銷中實現眾多的創新舉措，突破了傳統行銷模式，建立起可持續發展的行銷系統，使企業實現從「銷售」到「行銷」的結合，大大提高了企業的行銷能力，同時也提升了品牌對客戶的吸引能力，不斷擴大客戶的來源，提高獲利水準，進而拓展了行銷業務的結構範圍，完善了企業為客戶創造價值的能力。

兼顧品牌的聲譽和客戶的情感

　　企業在品牌行銷中要把企業產品的特定形象深刻地刻入消費者的心中。企業要利用消費者的產品需求，用產品的品質、文化內涵和獨特的宣傳，在用戶心中創造一個品牌的價值認可，最終形成企業的品牌效益。這就需要在市場行銷中運用各種行銷策略，使目標客戶對企業、品牌、產品和服務完成從認知到認可的過程。從高層次上講，就是企業要把品牌的形象、知名度和良好的信譽等全面系統地展示給消費者，從而在消費者的心目中形成美好的品牌形象。企業要想不斷保持競爭優勢，必須建構高品味的行銷理念，才能樹立良好的品牌聲譽。在市場行銷中，客戶對企業品牌產品的認知會慢慢形成特定的聲譽和情感取向。所以最高階的行銷並不是建立龐大的行銷網路，而是利用品牌符號把無形的情感鋪建到社會大眾的心裡，把品牌信譽輸送到消費者的意識中，使消費者在需求某類消費時首先選擇這個品牌的產品和服務，投資商在選擇合作時就會首先考慮這個企業，這就是品牌行銷。

　　企業在某項產品的行銷中往往會採取雙品牌的行銷策略，就是同時設定一主一副兩個品牌的策略。其中，主品

牌所代表的是產品的聲譽，也是品牌識別的重心，即顧客的價值取向；副品牌代表產品的特徵與個性形象，是顧客的情感取向。這種雙品牌策略，兼容了單品牌策略和多品牌策略的很多優點，既可以保證企業的產品都能在主品牌的保護傘下受益，收到「一榮俱榮」的行銷功效，同時又能減少因個別副品牌的失敗而給企業的整體經營所造成的損失，從而避免企業陷入「一損皆損」的風險。而且企業採用雙品牌行銷策略，還會兼顧品牌的聲譽和客戶的情感取向，是一項不錯的品牌行銷策略。

　　品牌行銷專家認為，「品牌行銷的關鍵點在於為品牌找到一個具有差異化個性、能夠深刻感染消費者內心的品牌核心價值，讓消費者明確、清晰地識別並記住品牌的利益點與個性，這是驅動消費者認同、喜歡乃至愛上品牌的主要力量。」雙品牌行銷策略的前提是產品在品質上要有品質保證，這樣才能得到消費者的信任與認可。而且品牌要建立在有形產品和無形服務的基礎上。有形的產品就是指產品新穎的包裝和獨特的設計，以及富有象徵性和吸引力的名稱等。而無形的服務則是在銷售過程當中，或者是在售後服務當中，顧客所得到的滿意程度和美好的感覺，充分體驗到做一個「上帝」的幸福感。顧客買得開心、用得放

心，就會始終覺得買這種產品是物有所值。尤其當前市場的產品品質處於同質化狀態，從消費者的立場上看，往往更看重商家提供的服務和效果。所以從長期競爭的角度來看，建立品牌行銷，尤其是建立雙品牌的行銷策略，是企業長期發展的必經之路。雙品牌營運要點：

▶ 雙品牌營運更節約成本

近年來，由於汽車銷售人員的人工成本急遽增加，加上物流、銷售等方面的因數變化，使企業經銷商營運的總體成本大大提高，相比往年大約增加了三成。在這種情況下，進行雙品牌營運的設想，因為實行雙品牌營運完全可以抵消掉增加的這近三成的營運成本的。雙品牌營運策略確實有效地降低了經銷商營運的成本。在沒有實行雙品牌營運策略之前，某家門市一個月的店租費用高達 5 萬元。而在實行雙品牌營運之後，實實在在地省下了 5 萬元的費用。而且兩種品牌的兩家店銷售人員在人力資源上也是可以共享的，因此，包括人力成本、辦公、水電以及場地成本在內，一個月可以節約 10 多萬元的單品牌營運成本，這對於企業的長期穩定發展，發揮了非常重要的作用。

▶ 雙品牌營運對企業品牌建立的作用

雙品牌營運能夠進一步強化主品牌形象。由於副品牌會不斷地闖入消費者的視野，不僅會加深消費者對主品牌的印象，還可以為企業贏得規模大、實力強、活力足、創新快、服務優等強勢品牌的強烈印象，能夠迅速提升消費者對企業和品牌的信賴，進一步增強忠誠度和信譽。而副品牌又可使企業避免因多種經營給主品牌帶來的潛在性風險。而且企業副品牌的每一次成功延伸又會使新產品博得的聲譽聚集到主品牌上，從而使主品牌的形象與價值不斷提升。

雙品牌營運還能有效地促進主副品牌的行銷。因為在採用雙品牌的廣告宣傳策略時，副品牌不必單獨對外宣傳，而是附著在主品牌的廣告中一併宣傳，既能夠襯托主品牌，又能借主品牌的影響力來吸引消費者，使副品牌的產品形象得到彰顯。雙品牌營運也能夠加快新產品順利導入市場，因為在競爭中主品牌形象往往不適宜作較大的變動，而副品牌卻可以隨著產品特徵和時間、地點的不同，做出靈活的變動，為恆穩而統一的主品牌不斷推出花樣翻新的產品留下空間和餘地。

如果企業選擇雙品牌營運，就能有效引導消費者突破那些鞏固了的消費固定思維，接受和認可新產品，並把對

主品牌的信賴與忠誠迅速轉移到新產品上來。

▶ 採用雙品牌策略需要注意哪些問題

在採用雙品牌營運廣告宣傳時，一定要突出主品牌、主推主品牌，要將副品牌列在從屬位置，不能喧賓奪主。因為主品牌是消費者識別和選擇品牌的依據，而且主品牌是企業品牌的中心，企業要提高聲譽、擴大影響力，必然應該以宣傳主品牌為主題，否則就會淡化主品牌的形象，久而久之，主品牌的形象就會被消費者漸漸淡忘。在突出主品牌的同時，也要注意使副品牌與目標市場相吻合。任何品牌要想走向市場參與競爭，都得要首先弄清產品適合的目標消費群體。而且副品牌所宣傳的品味與意境都要與主品牌相襯，應與所爭奪的目標市場貼近吻合。同時，副品牌還應該與當地的文化氛圍呼應，因為副品牌是企業產品與消費者之間的情感溝通連結，是對產品個性的詳細描述。在企業知名度較低的時候，不宜於採用雙品牌策略。因為如果在企業知名度較低時就匆忙採用雙品牌策略會導致消費者在選擇商品時面臨兩個完全不熟悉的品牌，於是品牌便不容易被認識和記住。因為一個人很難在一瞬間記下五個以上的字，所以一定要注意副品牌名稱與主品牌名稱加在一起最好不要超過 5 個字。

▶ 採用雙品牌營運可能面臨的風險

採用雙品牌營運最容易導致的營運風險，一方面是主、副產品或品牌的關聯性不強，另一方面是如果市場細分程度過高，就無法形成通路合力。品牌在既有的品牌範圍內擴充品牌時，商品進入高階市場或是增加低階產品就會動搖原有的市場細分，一些老客戶對產品品牌忠誠度也會隨之有所降低。如果擴充品牌時無法增加品牌的吸引力和提升品牌形象，反而會拖累品牌組合中的其他關聯部分。主品牌或企業如果要跨越不同行業，覆蓋不同品項的商品，可以利用品牌聲譽和影響力等無形資產，結合企業的資金、技術和通路等資源進行品項拓展，如果在實施中出現問題，就會使消費者產生思想衝突，造成隱性成本增加、品牌形象削弱，與經銷商、零售商的關係也可能會出現麻煩。所以採用雙品牌務必要注意核心品牌的定位，要與副品牌相互兼容。如雪佛蘭定位是「美國的家庭轎車」，後來擴展到卡車、賽車領域，使品牌定位逐漸模糊。

實施雙品牌策略，可以激發企業內部的競爭力，使企業保持活力。但是如果幾個副品牌之間的關係無法很好協同，就會造成一種混亂的局面，不僅違背企業的初衷，還會造成企業資源的巨大浪費。所以當擴展的產品屬於同一

類，在市場中比較接近時，公司就需要對產品進行嚴格的品質定位、市場定位以及目標顧客的定位，千萬不讓顧客對這類副品牌產生「差不多」的印象。

很多企業借鑑寶僑公司的經驗，為每個副品牌都安排一名經理進行全權負責，這種方法在實施時很有成效，但是品牌經理的任期有限，往往會導致短期繁榮。如果過分依賴快速銷售成長的刺激戰術，就會使銷售額短期內暴增，但是卻無法建立長期的品牌信譽和忠實度，所以從長遠看來會腐蝕品牌的資產價值。如果過度採用雙品牌進行品牌延伸，帶來的多樣化產品會使消費者眼花撩亂，不清楚哪一款產品適合自己。消費者更喜歡重複購買簡單化的品牌，如果使消費者的生活變得複雜，就有可能招致反感，品牌的整體性功能也將遭到質疑。而且無限制使用副品牌進行延伸，也會使消費者失去辨別能力，導致副品牌優點歸零，所有的投入都將白費。企業要樹立專業化的品牌形象，就要避免濫用副品牌，而應傾力打造和培植核心品牌。

第十章

品牌文化是企業精華

品牌文化指的是透過賦予品牌深刻而豐富的文化內涵，建立鮮明的品牌定位，並充分利用各種強而有力的內外部傳播途徑使消費者對品牌在精神上形成高度認同，創造品牌信仰，最終形成強烈的品牌忠誠。

品牌的靈魂：文化

如今愈來愈多的企業界人士已經認知到，品牌的一半是企業文化，而文化就是品牌的靈魂。如果離開了企業文化，也就等於品牌沒有了靈魂。而那些真正成功與持久的品牌都有著深厚的文化底蘊。正如哲學家尼采形象的描述：使嬰兒第一次站起來的並不是他的肢體，而是他的頭腦。從某種意義上說，市場競爭實際上就是品牌的競爭，也就是品牌文化的競爭。在當今時代，作為一個品牌能夠躋身於新世紀市場經濟中的通行證，品牌文化就是其中一個非常重要的標誌。如果一個品牌沒有先進的企業文化作為靈魂，就難以在市場經濟這個大舞臺上站穩腳跟，即使成為知名品牌，最終也會被淘汰出局。

先進的企業文化不是能夠自然形成的，也不是輕而易舉就能造成的，不但需要以滿腔的熱情和鍥而不捨的努力

才能造就培育出來，更需要具有普世價值才能被世人接受和認可。企業要想成為知名品牌，就應該認真汲取多年傳承的文化精華，在潛移默化中培育一種獨具特色的企業文化。還要不斷增強員工的凝聚力和向心力，擁有企業的團隊合作精神，在企業內樹立一種超強的執行力意識、一流的服務意識，形成永遠向上的學習創新氛圍，不斷提升廣大員工的良知善念、利他之念，使員工處理好工作與家庭的關係，充滿熱情，積極進取，並懷有無比赤誠的忠實心，培養員工敬業、勤勉誠懇的工作作風，緊緊依靠企業的決策和管理。在企業文化所營造的濃厚氛圍中，一步步提升員工的職業素養，使他們個個成為品德高尚、追求卓越的有用人才，從而打造一支吃苦耐勞、實幹創新，並且有凝聚力和戰鬥力的員工隊伍。只有擁有了這種先進的企業文化作為品牌靈魂，企業尤其是瀕臨困境的企業才能鳳凰重生而華麗轉生，形成具有獨特文化涵養的企業品牌文化。

企業要為品牌塑造恰到好處的文化，那麼怎樣才能判斷為品牌塑造的文化是否合適呢？一般應遵循兩個標準，一是這種文化要符合產品的品質特徵。每一種產品都有屬於自己的特性，如這種產品適合在什麼樣的場合與環境下

使用，能為消費者帶來什麼樣的好處，以及產品本身的特性等。如雀巢時時刻刻在向人們傳送著溫暖的關愛。企業的品牌文化首先要與產品特性相互匹配，才能讓消費者感覺親切、自然，在心理上消除障礙，欣然接受。企業在行銷中所採用的是品牌延伸策略，就是一個品牌下連帶許多品種的產品，這時就需要抓住這些產品的共同特性。就像西門子這個品牌，涉及電子產品、家電、通訊、電力、醫療器械等眾多的行業，但是由於西門子始終堅持一種可靠而嚴謹的品牌文化，久而久之，消費大眾就會認為西門子代表的是德國品質中一絲不苟的民族傳統。

要想判斷企業為品牌塑造的文化是否合適，還有一點是這種文化一定要符合目標市場消費群體的人生理念，並且應該具有一種普世價值。也就是說，塑造的品牌文化要從目標市場的消費群體中去尋找和提煉，要透過對目標消費群體的思想、心態和行為方式進行實際考察而獲得。只有在這樣的環境中產生的品牌文化，才更容易被目標市場消費者認同，才能增強品牌力度。如「鑽石恆久遠，一顆永流傳」，這種品牌文化一經推出，就會打下深深烙印，使人入耳不忘，再難忘懷。對於某類產品而言，非常適合在品牌文化中引入時尚的文化內涵，如電子類產品以及服

飾、運動產品等。時尚（Fashion）就是指在一個時期興起的，有相當多的人對某一特定的語言、思想、行為和物件等產生的興趣或追求。品牌文化要倡導一種時尚，就要觀察和分析消費群體共同存在的現時心態，透過商品的文化符號，將消費者的情緒引導釋放出來，激勵消費大眾積極踴躍地熱情參與。

在倡導品牌文化時尚中，一個重要的途徑是透過明星、名流和權威產生的效應來達到目的。由於明星、社會名流和權威人士是大眾關注和模仿的焦點，因此非常有利於迅速提高消費大眾對品牌的信任度。當然，在謹慎選用代言人做廣告時，極重要的一點是所選之人要能恰如其分地表達品牌特徵，所以要充分考慮名人、權威與品牌之間的連繫，同時還要努力將時尚風潮妥善導入人們穩定的生活中，成為消費者生活方式的一部分內容。

由於時尚是一段時期內的社會文化現象，因而隨著時間的推移，時尚的內容也必然會隨之發生改變。所以在借助時尚創造品牌文化的時候，也應該考慮到時尚消退後的情況。一個有效的應對措施就是在時尚走向高潮時就應當有所預料，有意識地順應潮流隨之轉換行銷策略，這種時尚轉化引導為消費者日常生活中的一部分。就像雀巢咖啡

213

剛剛引進的時候，掀起一股喝咖啡的時尚熱潮。到了今天，風靡一時的喝咖啡時尚已經成為眾多消費者的一種生活習慣了。

將優秀的傳統文化融入品牌文化中，更容易讓大眾產生共鳴。因為傳統文化非常注重家庭觀念，因此可以把品牌文化融入這種其樂融融的傳統文化中，與尊師重教、尊老愛幼、孝親敬賢；強調中庸仁愛、禮義道德；追求圓融完美、崇尚含蓄溫和等普世價值緊緊連繫在一起。企業要想在品牌文化中繼承傳統文化，就需要符合民族的審美情趣，考慮大眾的接受心理。而且品牌文化還應為絕大多數的目標消費者所認同，同時還要重視實質內容。應盡可能與生活相貼近，成為生活的某一部分。如果過分追求形式，就會缺乏內涵而適得其反。

品牌文化不能只滿足消費者的物質需求

品牌文化是凝結在品牌上的企業文化之精華。在企業經營中，品牌逐步形成文化積澱，代表了企業與消費者利益的共識與情感歸屬。品牌文化就是由傳統文化以及企業個性凝結在品牌的形象上而形成的。與企業文化所發揮的

內部凝聚作用不同，品牌文化主要突出企業外在的宣傳與整合優勢，將企業品牌的文化理念有效而迅速地傳遞給消費者，占領消費者的情感和心智，從而形成品牌力。而這種品牌力就是依託於這種品牌的文化內涵。提煉品牌文化，就是為了滿足消費者物質之外的文化需求。

企業不僅是在經營品牌，更是經營一種文化理念。品牌的生命與品牌文化息息相關，如果沒有了文化，那麼品牌也必將失去核心內涵，這只能加速品牌的過早枯萎與衰亡。一看到可口可樂、麥當勞和肯德基等著名品牌標誌，就會想到公司的產品和服務。一個成功的品牌所代表的一系列內涵，呈現著公司的宗旨。消費者一旦留下深刻的印象，就會對這個品牌一見鍾情，這便是消費者對品牌的依賴，對任何公司而言都是非常寶貴的財富。品牌應該被看作是一種財富，實際上就像木材的儲備一樣。如果企業不考慮未來的發展就把這種儲備消耗殆盡的話，那麼短期效益可能很可觀，但是財富卻會在這個過程中遭到破壞。企業的品牌是一種無形的財富，需要精心培養和維護。

品牌標誌也是一種成功的視覺符號，能整合強化消費者對品牌的認同，使消費者對這個品牌的認知更加深刻。所以企業就要不斷地營造、管理和傳播品牌文化這個視覺

符號，這是一項必不可少的基礎工作。很多企業都建立了視覺識別系統，品牌形象設計要注意突出品牌的個性特點，注重標誌、色彩等核心要素的應用，強化這些品牌的視覺形象，使目標消費者逐漸產生鞏固的感情理念。管理人員還應該採用獨特的傳播策略，包括促銷形式、廣告風格和公關策略等。要保持品牌視覺常新而統一，就需要把基礎識別和立體傳播相結合，保持策略與實施的持續統一。國際上著名的企業也都十分重視突出品牌個性。如可口可樂的深紅色、百事可樂的紅藍色等。

　　企業要營造品牌文化，就要透視品牌。企業應從地域、產品、符號、人文等各個角度來理解和詮釋品牌，在品牌與客戶接觸時要全方位地連續傳遞引人注目的穩定訊息。如產品的品質、企業標誌的視覺形象、企業的信譽、競爭力，公司領導者的舉止風範等，表達的所有訊息都應是相關的、連貫的、相互依存的。也就是說，品牌的標誌要與產品的性質和公司的形象相吻合。但是有些企業在傳播品牌知名度與核心價值的時候，有時將重點集中在體育活動上，有時又將注意力集中在文藝活動上，這種分散而斷續的品牌訊息傳遞會削弱品牌的影響力，降低品牌在消費者心目中的價值與品牌地位。

在崇尚自由與個性的時代，由於產品的同質化，使品牌的品質與服務概念都變得不再是最重要的。由於社會的多元化和消費的個性化，品牌彰顯的文化情感更為消費者所關注。也就是說，如今的品牌在功能層面上差異並不大，品牌價值的差異主要呈現在人文情感與內涵層面。因此在營造品牌文化的過程中，就要有選擇性地把品牌與文化傳統的普世價值，如真善美，以及與消費者心理和文化價值取向進行有機的融合，呈現人文關懷，就會得到世人的普遍認同。這種品牌文化給人們帶來的，已不再停留於物質上的滿足，更是思想道德的愉悅昇華。

在企業品牌行銷過程當中，還要使品牌文化與消費者建立長久的信任，並要逐步使這種文化深入人心。被譽為商業「偶像」的麥當勞，服務的核心理念是「讓每個人都愉快」。而金色拱形的標誌也成為城市一道亮麗的風景。穩定的產品品質，以及「容人、耐心、理性」的服務模式也成為麥當勞持之以恆的「門風」，樹立了親切、友善、助人的美好大眾形象，使品牌具有社會影響力，因而更有商業價值。而且那些投資商人，也因為有了麥當勞而增進了信任度。正是經過長期的文化薰陶與滋潤，才塑造了麥當勞品牌的文化內涵。還有很多企業，如可口可樂等，這些企業

並不喜歡過分張揚，而是歷經多年文化沉澱，使品牌更加顯得厚重與踏實。

品牌文化的功能

企業品牌一旦形成了品牌文化，就會對企業的經營管理與發展產生巨大的影響和積極作用。品牌文化有利於企業各種資源要素的最佳化組合，能夠進一步提高企業與品牌的管理效能，極大地增強品牌的市場競爭力，使品牌充滿無限的生機與活力。

具體地講，品牌文化有七大功能，本節分別介紹這七大功能。

▶ 品牌文化的導向功能

品牌文化的導向功能主要呈現在兩個方面。一是表現在企業的內部，企業的品牌文化能夠集中反映員工的共同價值觀，全面統一企業所共同追求的目標，因而具有強大的感召力，能夠引導員工為實現企業目標而堅持不懈、努力奮鬥，使企業獲得穩定、持久、健康的發展；二是表現在企業外部，企業的品牌文化所倡導的價值觀、審美觀和

消費觀，能夠對消費者發揮引導和植入的作用，把消費者的思想觀念引導向品牌所主張的價值取向上來，從而改善人們的精神生活，同時也會使消費者在對品牌的追隨中提高對品牌的忠誠度。

▶ 品牌文化的凝聚功能

企業品牌文化的凝聚功能主要呈現在兩方面。第一是表現在企業的內部，品牌文化就像一種強力的磁場，從各個方面、各個角度和各個層次，把企業的全體員工緊密地連繫在一起，使他們能夠同心協力，為實現企業的共同目標和理想而奮力進取。這樣一來，品牌文化就成為整個企業團隊精神的凝聚力。第二是表現在企業的外部，品牌所代表的利益認知、價值主張、功能屬性和審美特徵都會對廣大的消費者產生一種磁場作用，使品牌就像磁石一樣強烈地吸引消費者的購買行為，從而就會極大地提高消費者對品牌的依賴性與忠誠度。而且，這種力量也會將其他品牌的使用者吸引過來，轉而成為這種品牌文化的追隨者。

▶ 品牌文化的激勵功能

當物質激勵達到了一定程度就會出現邊際遞減的現象，使物質獎勵的效果受到影響，而精神激勵產生的作用

往往更強大也更持久。優秀的企業文化與品牌文化一旦形成，就會在企業內部形成一種良好的工作環境和文化氛圍，就可以培養和激發員工的榮譽感、責任心和奮發向上的進取心，使員工與企業風雨同舟，從而為企業的發展盡心盡力。企業的品牌文化還可以對消費者創造消費感知，品牌文化中的價值觀念、情感屬性、利益屬性等豐富的內容能夠激發消費者的消費聯想和消費欲望，使他們產生購買的動機。因此，品牌文化可以將消費者的精神追求轉化成企業的物質財富，從而為企業帶來高額利潤。

▶ 品牌文化的約束功能

品牌文化的約束功能一般是透過道德規範和企業的規章制度產生作用的。企業文化和品牌文化的約束作用，更多是透過道德規範、精神理念和傳統習慣等各種無形因素來完成對員工的思想方式和言行的約束，從而將個體行為轉化成消費大眾的整體行為。這種約束是軟性的，是一種內在的約束。和企業的各項規章制度相比而言，這種軟約束通常具有更為持久的效果。企業在生產經營過程中要有道德規範，同時也必須透過嚴格的規章制度，對所有的員工進行規範管理，使員工有章可循，能夠按照一定的規則和程序辦事，從而實現企業的總體目標。這種約束是硬性

的，是一種外在的約束。

▶ 品牌文化的拓展功能

　　品牌文化一旦形成，就會變成一種無法複製的無形資產，不僅會在企業的內部發揮作用，還可以透過品牌的形象塑造、整合傳播以及產品銷售等各種途徑來影響消費群體，引導社會風尚。總體而言，品牌文化的拓展功能主要有四種形式：

1. 軟體拓展

   透過企業精神、普世價值觀、倫理道德、審美追求等，不斷向社會傳播擴散，為社會的文明與進步做出貢獻。

2. 產品拓展

   透過產品這一物質載體，在流向消費者的過程中完成向社會的擴散。例如透過勞斯萊斯的產品能夠感受到那種卓越精良的汽車文化。因為勞斯萊斯的員工都知道，他們並不是在製造冷冰冰的機器，而是在以人類高尚的道德情操，以藝術家一樣的熱情去雕琢每一個零件，所以每一道工序製作出來的產品都是一件有血有肉的藝術品。

3. 人員拓展

透過企業員工的言行舉止和精神風貌，不斷向社會傳播企業的價值取向和人文觀念。例如美國的 IBM 素有「藍色巨人」之稱，而這個名字是源於公司的管理者，他們人人都穿著藍色的西服。公司那些高階的職員非常受人尊重，在異國更是有如貴賓。如果他們迷了路或是惹上了什麼麻煩，總是能在第一時間得到幫助，他們身上佩戴的職位名牌常常比美國護照還要管用。而且凡是在 IBM 有過工作經歷的人，在社會上都是被人爭先搶聘的對象。

4. 宣傳拓展

透過各種媒體、網路等宣傳管道和宣傳工具來不斷完成品牌文化的傳播。

▶ **品牌文化的推動功能**

企業品牌文化還可以推動品牌經營的長期穩定發展，使品牌產品在市場競爭中，不斷地獲得競爭力；企業品牌文化也可以幫助品牌克服企業經營過程中遇到的各種危機，使品牌經營健康穩定地發展。品牌文化對企業的品牌經營活動具有推動功能，這種功能主要是源於思想文化的能動作用，不僅能夠反映經濟的成長，而且也能反過來作

用於經濟的發展，所以在一定的條件下，就可以促進經濟的快速進步。企業利用品牌文化來提高品牌的經營效果，需要有一個時間上的累積過程，不能期望這種效果會立竿見影。但是只要持之以恆地重視品牌文化建立，必然就會收到良好的成效。這種品牌文化的導向功能，實際上也算是另一種推動功能。因為企業的品牌文化也在約束著品牌經營的目標追求，引導企業和消費者主動適應社會不斷變化的新需求。

▶ 品牌文化的協調功能

企業品牌文化的形成，使更多的企業員工產生明確的思想價值觀念，從而對理想進行不懈的追求。如果企業員工對很多問題的認知趨向於一致，那麼就可以增強他們之間的相互信任、交流與溝通，從而使企業內部在其各項活動中更加協調一致。另外品牌文化也能夠協調企業與社會之間的關係，特別是企業與消費者之間的關係，使企業與社會的發展環境和諧一致。企業還可以透過品牌文化的發展建立，盡可能地調整改進企業的經營策略以適大眾情緒，及時滿足消費者不斷變化的各種需求，跟上社會前進的步伐，保證企業與社會之間的緊密連繫。

品牌與企業文化上的差異

所謂的文化，就是社會群體形成的具有共同性的信念、價值觀和行為方式。文化一般是由精神、載體和群體這三個要素構成的，當今世界可以分為三大文化圈：東方的儒家文化圈、西方的基督教文化圈，還有伊斯蘭教文化圈。這三大文化圈都有悠久的歷史，影響深遠。

無論是企業文化還是品牌文化，都源自於這種文化體系的傳承，所以在形式和內容上，都與文化息息相關。企業文化的塑造通常也分成三個層次，就是核心理念、行為規範、文化受眾，品牌文化也包括品牌精神、品牌行銷、目標消費者三個方面。品牌文化與企業文化都源自於文化現象，都是文化的表現形式。企業文化與品牌文化之間是相通的。一家企業的文化概念，就是這家企業的價值觀、企業信念和行為方式的呈現。如果把企業當成一個人，那麼當你第一次見到這個人的時候，他的衣著打扮就會留給你第一印象。這種印象轉換成企業文化的形象，就是企業的視覺識別，包括公司的建築、辦公環境、標誌等直觀的表面實體，透過企業員工的言行舉止，就能了解到企業整體的做事風格，這就是企業文化的具體表現。企業的決策

行為，就是取決於企業的文化理念和價值觀念。企業文化的核心決定了這個企業的制度和行為，這個文化就是企業理念和企業的核心價值觀。品牌的文化內涵給消費者的心理感受和心理認同，就是品牌文化，這是企業連繫消費者心理需求的平臺，也是品牌建立的最高階段，目的是使消費者在消費產品和服務時，能夠產生美好溫暖的歸屬感，就會形成品牌忠誠度。

企業文化與品牌文化的內涵必須具有一致性。如可口可樂的品牌文化充滿了動感與熱情，而且富有青春時尚的氣息，所以可口可樂的企業文化當然也不會脫離這種熱情和創新。總之，企業文化與品牌文化都要服務於企業的發展，無法脫離公司的產品和經營，兩者的核心含義應該是一致且相通的。

企業文化與品牌文化的概念與作用，以及著眼點和建立方法等方面又有著明顯不同：

▶ 品牌文化與企業文化的核心內涵不同

企業文化是企業在漫長的歲月中形成的，是企業員工共同遵守的信念、價值觀和行為方式，企業塑造的價值觀、企業理念和行為方式，是企業生產發展的指導思想。而企業品牌文化的核心，則是品牌的精神與個性的塑造及

其推廣。要想使品牌具備文化特徵和人文內涵，就要透過各種活動，使消費者認同品牌所呈現的文化精神，逐漸形成忠誠的品牌消費群體。品牌的文化特徵的概念，不但要具備一種精神內涵，還要從企業的行銷策劃、促銷活動、廣告宣傳、客戶關係等很多方面進行全面系統的整合，讓消費者充分體會品牌的思想個性與文化內涵，還要透過典故、風俗、儀式和人文等文化載體進行廣泛的傳播，如聯想創業的故事、可口可樂的誕生傳奇等，讓品牌文化更加鮮活和生動。品牌文化還要借助大眾文化，符合消費者的心理特徵，形成以品牌文化為核心的文化群體。不同行業的表現也會有所不同，如轎車瞄準成功人士，呈現成功者的風度和氣派；星巴克瞄準都市白領，塑造的是忙裡偷閒的情調和具有品質品味的咖啡文化。

▶ 企業文化與品牌文化的創建方法不同

　　企業文化與品牌文化的創建方法差別很大。在企業裡，往往負責企業文化建立和負責品牌建立分別是兩個部門，所以需要相互溝通與協調。甚至有些行銷人員還會認為企業文化與品牌文化沒什麼關係，所以很難接受一些共同的思想和方法。如果說塑造品牌文化就像戀愛，那麼塑造企業文化就像是婚姻。談戀愛希望盡量展示優秀的一

面，才能吸引對方的注意而博得好感。要選擇好對象，在見面之前就要多方打探，了解人品、身高、收入、相貌、個性等等方面，這就像是買東西前的對比和選擇。在琳瑯滿目的品牌中你選擇什麼要以自己曾經的品牌體驗或是他人的介紹進行挑選。在功能、價格都相差不多的情況下，你為什麼要選擇這個品牌而不是別的，關鍵就在於品牌給你的感覺好不好，有時候甚至很難說出選擇這個牌子的原因，其實這個品牌早已對你產生了潛移默化的影響。這個品牌的個性與品味非常符合你的審美情趣，於是就產生了好感。如果使用一段時間卻感到功能不好，一失望就「失戀」，不再使用。如果覺得滿足，就會陷入「熱戀」，也就形成了品牌的忠誠度。

所謂「如人飲水、冷暖自知」，塑造企業文化更像是維繫一場婚姻。並不是每個員工對企業文化都能認同，但是認同的人就會激發工作熱情。一個員工加入一個企業，看重的無非是物質、精神和工作層面這三個因素。這個崗位能帶給我多少收入？這是物質經濟基礎；其次是這個企業的氛圍怎麼樣？員工的相互關係如何？這就是精神方面的因素；還有就是能不能得到提升？能不能得到重用？未來的職業生涯是什麼？加入這個企業是否有發展前途？這就

是工作層面的因素。員工與企業的關係，就像夫妻組成的家庭，並不是每天都在憧憬未來，而是要面對日常生活的柴米油鹽。員工對企業文化的感情，主要是靠實際工作體驗。一些小事就能形成對企業文化的看法，如人際關係、獎懲措施、創新與活力等。總之，企業文化與品牌文化的塑造，根源在於人們對其文化的理解是否深刻，愈透澈就愈容易把握真諦和關鍵。

▶ 品牌文化與企業文化的作用不同

　　企業文化主要是對企業內部產生作用，是為了使員工明確企業求生存求發展的指導原則而形成的一整套獨特的價值理論體系，並以此為核心而形成的制度和規範，從而提升企業的管理水準。優秀的企業文化不僅對企業管理有極大的幫助，同時也具備品牌效應。所以那些成功的企業，總是把這種成功歸功於企業文化。正如「惠普之道」不但為惠普省下大量的品牌推廣費，更為企業帶來一筆又一筆的收益。企業文化能夠增強企業的信譽，推動和提升企業形象，能夠為企業做更多免費的推廣，還能為企業吸引更多人才。

　　品牌文化就是將「品牌」概念有機地融合在「文化」的理念中。品牌文化的作用就是為企業打造品牌，促進企業

的行銷。提煉品牌文化的本身就是在打造品牌形象。現在愈來愈多的企業都在提煉品牌文化，是因為當今社會對「文化」這一概念愈來愈關注，而商品經濟全球化的過程也在暴露文化衝突問題。而不同企業併購的失敗大多是因為源於不同的文化背景。如惠普與康柏電腦的合併就不是很成功，最關鍵問題就是文化的融合。世界級優秀品牌往往誕生在已開發國家，這些企業進入亞洲會帶來文化的衝擊。而國外品牌與本土品牌競爭的深層層次，實際上就是文化的競爭。

案例解析 1：可口可樂

1886 年，可口可樂誕生於美國的亞特蘭大，以獨特的瓶型一下子就吸引了眾人的目光。世界上千百萬人知曉的可口可樂紅色的標誌，幾乎任何見過的人都可以一眼認得出來。在《商業周刊》評選的千家全球最有價值品牌中，可口可樂曾以 704.5 億美元高居榜首。從誕生到如今已有 100 多年的可口可樂，不僅品牌價值高、歷史悠久、覆蓋範圍廣，而且完全沒有進入成熟期，更沒有呈現任何衰退的跡象。可口可樂在歷史的長河中可謂歷久不衰、日益興旺。

從 1915 年起，「永遠的可口可樂」的廣告文案從此揭開可口可樂品牌文化的帷幕，可口可樂品牌文化兼容並蓄美國文化，並隨著可口可樂流向世界各國不同的市場，成為涵蓋全球人文價值觀的經典品牌文化。

以美國文化為代表的可口可樂品牌文化，是以西方為中心的全球化品牌擴張的典範。在可口可樂的背後，是一種品牌的「圖騰」。在馬克・吐溫（Mark Twain）筆下的那個「鍍金時代」，約翰・彭伯頓發明了可口可樂。可口可樂公司把這個產品的誕生描述得就像「聖母瑪利亞產子」一樣地神奇。可口可樂就像美國兼容並蓄的多民族文化，在世界各國被當地人民不知不覺地接受了。甚至反對美國的人，也同樣在喝可口可樂。可口可樂之所以強大，就是因為美國文化能夠與世界各地的本地文化進行強而有力的結合，這也表現出美利堅文化中既有唯我獨尊的一面又能兼容並蓄，這種矛盾並存的文化現象在可口可樂這個全球性的品牌上得到了充分的呈現。可口可樂的本土化幾乎達到了 99%，遠遠超過任何一個民族品牌。這就是為什麼可口可樂能夠扎根於世界各國的全球化。

可口可樂多年來到底發生了怎樣的變化？要想揣測清楚，著實是個難事。因為可口可樂永遠都是那種包裝、那

樣的瓶體、那樣的紅色，以至於正統得讓人們覺得換個口味或包裝就不再是可口可樂了。在 1985 年，可口可樂公司為了對抗「口味更好」的百事可樂，曾經在嚴密的市場調查之後，推出一種新口味的配方。可是在消費者的心目中，就好像是改動了《憲法》一般，根本無法接受這種改變。所以，時至今日的可口可樂依然保持著它的原始配方。對可口可樂而言，品牌的改變似乎就意味著品牌的死亡。百事可樂之所以會崛起，就是因為挑戰了經典的可口可樂，而可口可樂對此卻是無能為力。

有趣的是，儘管在品牌形象上，可口可樂一直以來幾乎沒有什麼變化，但是在全球各地的市場操作上卻不斷創新，而且遠比百事可樂更為本土化。如在一些百事可樂比較強盛的市場區域，可口可樂甚至不惜採取價格更低、容量更大、折扣更高的一些非常本土化的市場操作手段。這些做法遠比百事可樂來得更靈活也更有彈性。而且在品牌的多元化發展方面，百事可樂也只能甘拜下風。如開發其他碳酸飲料、礦泉水、與當地合作研發茶飲料等品牌，可口可樂總是更加活躍。可口可樂公司是正統而又善於創造的公司，始終在與百事可樂這個勇於創新卻又有些不守規矩的公司鬥智鬥勇。兩者之間的競爭充滿了智慧，就像一

個行事穩健、思維活躍的中年人在與一個天賦極高、從不循規蹈矩的青少年之間的競技和比拼。

▶ 一、永遠的可口可樂

從可口可樂誕生以來，全球已發展了將近 200 個經銷特許加盟國家和地區，成為全世界最著名的品牌之一。飲料的基本功能是解渴，這是人類永恆的需要，作為一種受全世界各國人民喜愛的飲料，可口可樂成為一種長壽的品牌，就是因其能夠滿足人類永恆的需要。長壽品牌凝聚著一種人類長久期盼的文化理念。

人類始終追求和嚮往自由、平等，而可口可樂對人是平等的，因為即使最窮的人和最富有的人都在喝同樣的可口可樂，這種平等也成為可口可樂的賣點。顧客永遠都是上帝。不管可口可樂如何發展、如何變化，都始終以「顧客的需要」為核心。顧客總是切身感受可口可樂是專為「我」製造的，已成為自己生活中不可或缺的一部分，所以人們才會給它更多的關注與偏愛。而且可口可樂公司還不斷開發新的產品配方，為可口可樂品牌注入富有朝氣、富於冒險精神的文化內涵，從而不斷吸引一代又一代年輕人的注目，使可口可樂的市場得以持續擴大。可口可樂認為，長壽的品牌就是要不斷滿足顧客的需求與愛好。

▶ 二、可口可樂的品牌塑造

可口可樂的廣告謀略有致力宣傳、投資廣告、多元宣傳、善用包裝、巧用命名等多方面。早在可口可樂創業之初，可口可樂公司就注重宣傳，在 5 分鐘之內就能讓顧客喝到可口美味的可樂。而且公司採用「活廣告」的方式展示可口可樂的配成過程：一個白衣服務生把糖漿放入玻璃杯中，加入冰和蘇打水攪拌後俐落地送到顧客手中。給人以乾淨而芬芳的印象。可口可樂還不計成本地投入大量廣告，幾乎每天都能在廣播電視、報刊雜誌及各種活動場所中看到可口可樂靈活多樣化的廣告。可口可樂還贈送各種各樣的贈品，如皮包、時鐘、收音機、明信片、唱片等，還在機場設有行李推車，為超級市場準備了購物手推車等等。這些印上可口可樂商標的贈品為可口可樂樹立了品牌形象。可口可樂的廣告傳播可謂多種多樣、變化無窮，目的就在於樹立企業形象，提高品牌知名度，與消費者時刻保持密切的關係，從而促進銷售。

可口可樂還擅於採用巧妙的包裝，並動腦為商品命名，同時還巧用造型獨特的玻璃瓶，充分利用這些產品的細節做好廣告宣傳。瓶子的造型美妙、獨特，人見人愛。而且瓶子的容量剛好為一杯，恰到好處。不過巧妙的造型使人的

視覺感受總是多於一杯的容量。而且瓶型的設計非常適合在手中握緊，不易於從手中滑落。最主要的是瓶上印有可口可樂的商標，發揮廣告宣傳的作用。可口可樂的命名更是非常考究。英文名字 coca-cola 本身就是商品命名的成功典範，中文翻譯的「可口可樂」更是出類拔萃，不但與英文的發音音節切合，譯文的含意與產品特性的高契合度更是令人叫絕，琅琅上口而又好讀好記，含意也非常美好，給人一種喝了這種飲料就會一飽口福，充分享受人生之樂。

▶ 三、可口可樂的經營理合

可口可樂是當今世界上最大的軟性飲料生產企業，世界飲料市場前五名品牌中有四位是可口可樂產品：可口可樂、雪碧、健怡可樂和芬達。可口可樂公司目前擁有全世界最大的銷售網路，全世界約有 200 個國家和地區的消費者每天飲用超過 10 億杯可口可樂公司的飲品。可口可樂為什麼能無處不在呢？可以從產品、價格、傳播與銷售等方面進行分析。

可口可樂是地球人最喜歡喝的飲料。彭伯頓最初研製的可口可樂是一種藥，所以至今還保留著藥味。可口可樂改變為飲料以後才大獲成功。可口可樂的適應能力很強，到什麼地方就會變成那裡的產品。可口可樂在美國往往產

生「自由、平等」的品牌聯想；在英國則會呈現「生活愉快、愛情幸福」的品牌文化。可口可樂永遠都貨真價實，人人都能買得起。可口可樂一貫推行低價策略，從第一天上市到 1950 年代之前，每瓶可樂只有 5 美分的價格。如今可口可樂與同類商品相比也不算貴。即使第三世界國家的人們也買得起。所以即使在經濟大蕭條的困難時期依然暢銷不衰，無論何時，可口可樂的製造商都會財源滾滾。

可口可樂總是頻繁露面，時時提醒消費者「別忘了我」，透過各種傳媒手段保證可口可樂的標誌在大眾面前頻繁露面，隨時提醒人們「買一杯可口可樂，好嗎？」而且紅白相間的廣告標誌、紅色的卡車、自動售貨機、噴泉式飲料機和零售商的招牌、菜單和冰箱、紅太陽帽和 T 恤等，還有可口可樂愛好者隨處堆放的紅色易開罐和紅色標籤瓶，所有這些都在提醒著人們，可口可樂永遠都不會被消費者所遺忘。可口可樂就在身邊，就在眼前，人人都買得起，隨處都可以買到，而且價格便宜，購買便利，自然就會深入人心。要做到這一點並非易事，第一要讓可口可樂便於運輸。最早的可口可樂是散裝，後來改成了桶裝，但並不方便攜帶和運輸。從 1894 年起有了瓶裝可樂，現在又有了寶特瓶和易開罐，成為最便於攜帶的飲料。第二要讓可口可樂能夠特許繁

衍。單憑一個人或一個企業的力量不可能將可口可樂經銷到全世界。可口可樂採用授予特許罐裝權的辦法，在全球發展眾多成品罐裝廠，嚴格用可口可樂原漿進行配製、罐裝與經銷。第三要讓可口可樂走順暢的經銷通路。可口可樂的經銷通路體系很複雜，約有 2 萬名員工，相關人員達到 100 萬，將可口可樂經銷到世界的各個角落。

在全球最有價值的品牌調查中，可口可樂已經連續多年雄踞於霸主地位，雖然經過了 100 多年的風雨，依然青春不老，可謂名副其實的品牌巨人。可口可樂一直都擁有名列前茅的品牌價值，這來自於那種巨大的品牌力量。而國際網路恰恰就是這一品牌真正的動力資源，使可口可樂在市場競爭中始終處於領導地位。這正印證了可口可樂那句廣告文案——「永遠的可口可樂」！

案例解析 2：媚比琳

1913 年，美國一位名叫威廉斯（T.L.Williams）的化學家為了讓他的妹妹美寶（Mabel）重新贏得她熱戀男朋友的心，專門發明了媚比琳睫毛膏。那是因為他的妹妹美寶的男友切特（Chet）戀上了另一個女子。為了幫助妹妹美寶，

威廉斯在實驗室研製混合了凡士林膠和炭粉，終於調製成一種能使睫毛變得更加濃密動人的膏體。於是，世界上第一支睫毛膏誕生了！1917年，媚比琳把這種世界上第一支睫毛膏帶入美國市場，一下子就引起了轟動，從此睫毛膏就逐漸成為全球女性日常生活中不可或缺的一部分。也是那一年，媚比琳在美國首家推出的翹密睫毛膏，一直到今天依然是最受女性歡迎、銷量最高的明星產品。媚比琳，自創業伊始直至今日的近百年來，始終以平易貼心的價格，為全世界愛美的女性源源不斷地提供充滿紐約時尚和現代氣息的優質創新產品，幫助世界各地不同膚色、不同人種的女性，充分展現各自美好的個性與風采。尤其是媚比琳品牌於1991年提出的口號：「美來自內心，美來自媚比琳」，更是對媚比琳品牌精神最好的詮釋。

1996年，巴黎萊雅集團（L'OREAL）收購了媚比琳，並向全世界宣告：彩妝權威將與科技創新更為完美地融合在一起。於是媚比琳也由曼非斯遷至世界時尚之都紐約，媚比琳紐約從此正式誕生了！媚比琳公司以突破性的專利技術，很快推出了研彩系列（Great Wear）產品，包括唇部彩妝、眼部彩妝及各種遮瑕產品。為媚比琳品牌代言的是一支活力四射、美麗迷人的「夢之隊」，這些極富號召力、

充滿魅惑的女孩在紐約街頭拍攝的廣告片對女人的影響力真是太大了！媚比琳紐約的品牌文化就是將媚比琳迷人的個性、多彩的風情與紐約的前衛時尚、魅力無窮的藝術氛圍融合在一起，揉合不同的種族與文化，形成了極具吸引力的品牌個性。而媚比琳彩妝對色彩和名稱的選擇，也無不折射出世界大都市時尚生活的潮流與變化。如今，我們能夠在全世界 90 多個國家和地區找到媚比琳紐約的各種融合高科技配方和時尚精髓的產品，種類超過 200 種，為全球女性創造一種價格平易而表現非凡的各種彩妝產品，為現代女性妝扮出最時髦的都市先鋒色彩潮流。

媚比琳美容化妝品始終致力於追求產品內在品質的完美，為全世界的現代女性源源不斷地提供最動人的化妝效果。為了迎合亞洲女性東方品味的需要，媚比琳專門試驗各種色彩及配方，特別是媚比琳所推出的各類唇膏，都是專家為了給現代女性提供最動人的化妝效果而精心研究的。媚比琳紐約的彩妝產品線的內容也極其豐富，包括各種臉部產品、眼部產品、唇部產品、美甲產品及各種專業工具。憑藉其優異的品質，媚比琳紐約在全球的銷售產品達到了數億。媚比琳不斷推陳出新歷久不衰的各類最新明星產品，不勝枚舉的新配方、新色澤、新質地，更令女性難以忘懷。媚比琳

紐約的產品就是憑藉多彩的色澤、獨特的配方、豐富的種類以及優良的質地來滿足全世界各類消費者的需求，幫助女性輕鬆方便地創造自己最想要的迷人個性和美麗效果。其能被更多消費者接受的平易近人的價格，更是讓媚比琳紐約成為高性價比的代名詞。不記得曾幾何時，伴隨著膾炙人口的廣告詞「紐約 —— 媚比琳」，這個品牌成為中高檔專業彩妝的代名詞。近百年來，由媚比琳紐約引領的紐約風尚，早已如同美麗的風潮一般席捲全球。

隨著媚比琳家族產品的日益壯大，媚比琳如今已成為藥妝店的開架商品，儘管隨著各大護膚品牌的入駐，媚比琳也隨之退居為中低階品牌，但是多年營造的專業形象並未被磨滅。尤其是「美來自內心，美來自媚比琳」的品牌文化，反而愈發深入地印在消費大眾的心裡。廣受白領稱讚的口碑產品 —— 媚比琳精緻細白卸妝油系列，其中蘊含的石榴籽精華的天然美白能量能夠大大改善臉部色斑和膚色暗沉不均等問題，令膚色通透白皙。媚比琳這款王牌卸妝家族榮譽出品的產品，是以油卸油完成徹底卸妝，對膚色幾乎沒有任何損害。其核心成分石榴籽多酚精華的強力抗氧化的護膚美白功效，受到前所未有的追捧。

電子書購買

爽讀 APP

國家圖書館出版品預行編目資料

品牌印象的鑄造者，建立企業核心價值：由個性至消費者心智，從創意到包裝構築品牌的獨特地位 / 吳文輝 著 . -- 第一版 . -- 臺北市：財經錢線文化事業有限公司 , 2024.04
面；　公分
POD 版
ISBN 978-957-680-849-4(平裝)
1.CST: 品牌 2.CST: 行銷策略 3.CST: 企業管理
496.14　　113004140

品牌印象的鑄造者，建立企業核心價值：由個性至消費者心智，從創意到包裝構築品牌的獨特地位

臉書

作　　　者：吳文輝
發 行 人：黃振庭
出 版 者：財經錢線文化事業有限公司
發 行 者：財經錢線文化事業有限公司
E - m a i l：sonbookservice@gmail.com
粉 絲 頁：https://www.facebook.com/sonbookss/
網　　　址：https://sonbook.net/
地　　　址：台北市中正區重慶南路一段六十一號八樓 815 室
Rm. 815, 8F., No.61, Sec. 1, Chongqing S. Rd., Zhongzheng Dist., Taipei City 100, Taiwan
電　　　話：(02) 2370-3310　　傳　　真：(02) 2388-1990
印　　　刷：京峯數位服務有限公司
律師顧問：廣華律師事務所 張珮琦律師

定　　　價：320 元
發行日期：2024 年 04 月第一版
◎本書以 POD 印製
Design Assets from Freepik.com